オペアンプからはじめる
電子回路入門 第2版

別府 俊幸・福井 康裕 共著

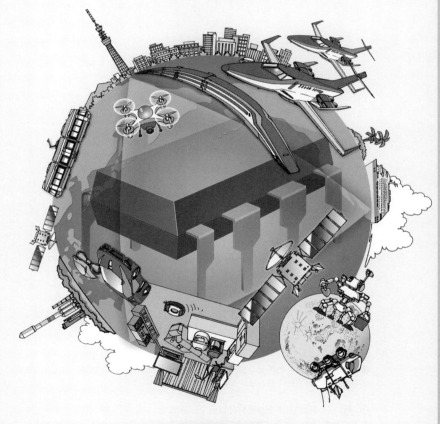

森北出版株式会社

●本書の補足情報・正誤表を公開する場合があります．当社 Web サイト（下記）
　で本書を検索し，書籍ページをご確認ください．
　　　　　　　　　　https://www.morikita.co.jp/

●本書の内容に関するご質問は下記のメールアドレスまでお願いします．なお，
　電話でのご質問には応じかねますので，あらかじめご了承ください．
　　　　　　　　　　editor@morikita.co.jp

●本書により得られた情報の使用から生じるいかなる損害についても，当社およ
　び本書の著者は責任を負わないものとします．

[JCOPY]〈(一社)出版者著作権管理機構 委託出版物〉
本書の無断複製は，著作権法上での例外を除き禁じられています．複製される
場合は，そのつど事前に上記機構（電話 03-5244-5088，FAX 03-5244-5089，
e-mail: info@jcopy.or.jp）の許諾を得てください．

第2版へのまえがき

　本書は2000年代初め，著者（別府）が設計製作した経験のあるアナログ電子回路から，入門者向けに必要と考えた技術を選んで構成した．

　当時すでに電子回路の集積化とディジタル化は進んでいた．にもかかわらず，多くの電子回路の教科書は，四半世紀昔に使われなくなったエミッタ接地トランジスタAC増幅器を後生大事に扱っていた．コンデンサを用いて直流電位を変え，トランスを用いてインピーダンスマッチングする回路である．ところが，著者が大学に通っていた1980年代には，秋葉原で安価にオペアンプが売られていた．そして，その頃も，アナログ増幅を必要とするときには，オペアンプで組むのが"常道"であった．

　著者は，微小信号増幅から電力増幅回路，定/可変電圧源，電流アンプ，アナログフィルタ，対数・かけ算・わり算回路，変調・復調回路などのアナログ電子回路を設計製作してきた．しかし，ただの一度もトランジスタAC増幅器を製作したことはない．なぜなら，オペアンプを使えばより優れた回路を設計できたからである．

　教える立場となって，実用技術を学べる教科書がないと考えて執筆したのが本書である．せっかく学ぶのであるから，使いもしない知識を手に入れても仕方がない．執筆に際しては実用技術を理論から学ぶことを考えた．また，回路を使うだけならネットからコピペすれば簡単である．しかしそれでは，回路の性能を十分に引きだすことはできない．優れた回路を設計するためには，使い方を知っているだけでなく，その根底となる理論を身につけていることが必要である．そこで本書は，設計するために真に必要となる基礎知識を集約することを心がけた．

　初版から10年，この間にも電子回路のディジタル化は進んでいる．また，アナログ回路も低電圧化，低消費電力化が進んでいる．そこで2版では，マイコンとのインタフェースに便利な単電源オペアンプ回路を加えた．また，演習問題も回路を"解析"するためでなく"設計"するための力を養うことを目標として精選した．本書がアナログ回路設計を学ぶ者の一助となれば幸いである．

2016年2月

著者代表　別府　俊幸

まえがき

『小さな信号を大きくすること．言い換えれば"増幅"すること』
　すべての電子回路は，この目的のために使われている．宇宙の彼方からの電波を探し出したり，ヒトの脳の動きを調べたり，ディスク上の磁気変化をデータファイルに戻したり，彼女と電話したりするために，世界中はおろか海底や宇宙空間にあっても電子回路ははたらいている．
　電子回路はオペアンプ，トランジスタ，FETなどの増幅素子と抵抗，キャパシタ，インダクタ，トランスなどの部品を組み合わせた信号を大きくする仕掛けである．この仕掛けをどうやって作るのか，を学ぶのが「電子回路」である．

　本書は，大学や高専において初めてアナログ電子回路を学ぶ人たちを対象として，電子回路を設計するために，かつて著者が必要とした，そして今も使い続けている技法を中心にまとめた．
　第1章ではオペアンプの使用法について述べる．オペアンプ回路さえ設計できれば，95％の低周波回路を設計できると言っても過言ではない．経験上も，よほどのことがない限りオペアンプで作ろうとし，そして，なんとか実現できてきた．非線形性を意識しなくても扱えることがオペアンプのメリットである．
　第2章ではオペアンプの基本原理であるフィードバックとフィードバックを安定にはたらかせる方法について説明する．本書で最も難しい章かもしれないが，オペアンプを使いこなすためには必要な知識である．
　第3章では，電子回路を構成するディスクリート（個別半導体）素子についてまとめる．オペアンプだけで多くの回路が構成可能であるが，さらにディスクリート素子を扱えれば，より広範囲に応用が可能となる．
　第4章では，オペアンプの苦手な大電流負荷をドライブするための出力回路と，オペアンプを使うための電源回路について説明する．オペアンプと出力回路を組み合わせることができれば99％の低周波回路を設計できるであろう．
　第5章は，オペアンプそのものの解析とした．オペアンプの使用法さえ知っていれば回路設計はできる．しかし，さらにその内部回路を知れば，より高性能の回路設計

が可能となる．また，オペアンプの内部回路そのものが工夫され，洗練され，完成された勉強になる回路である．完成品を調べることも，設計するための力をつける効果的な学習法である．

　このように本書は，"初学者が回路を設計できるようになる教科書"を目標とし，回路の解析よりも回路動作の理解に焦点を合わせた内容とした．これは，回路シミュレータが進歩し，極めて精度の高いシミュレーション結果が得られるようになった現在，個々の回路の解析方法を学ぶ意味は小さくなっていると考えるからである．

　回路もオペアンプに焦点を合わせ，トランジスタ回路は最小限にとどめた．かつてはディスクリートで組んでいた回路も，現在ではファンクションICとして購入できるようになっている．おそらくは一生使うことのない回路形式を学ぶよりも，ポイントとなる低周波小信号回路の理解が重要と考える．

　著者の力不足のため，目標とした"初学者が回路を設計できるようになる教科書"には遠く及ばないことと思う．けれども，本書がファースト・ステップとなり，より高度な専門書へと進む一助となってくれれば，著者として最高の喜びである．

　末尾になるが，著者の浅学のため，多くの不備や間違いがあることと思われる．読者諸兄のご批判，ご教示をいただければと願っている．

　本書の出版に当たっては森北出版株式会社の方々にたいへんお世話になった．ここに感謝の意を記したい．

2005 年 1 月

著　者

目　次

第0章　はじめる前に　　1

0.1　信号増幅とは …………………………………………………… 1
0.2　信号の性質 ……………………………………………………… 3
0.3　振幅と実行値 …………………………………………………… 4
0.4　位　相 …………………………………………………………… 6
0.5　伝達関数 ………………………………………………………… 7
0.6　デシベル ………………………………………………………… 8
0.7　テブナン等価回路・ノートン等価回路 ……………………… 9
0.8　記　号 …………………………………………………………… 12
0.9　回路の計算 ……………………………………………………… 13
0.10　接頭語を用いた計算 ………………………………………… 14
演習問題 ………………………………………………………………… 14

第1章　オペアンプ　　16

1.1　オペアンプとは ………………………………………………… 16
1.2　非反転アンプ …………………………………………………… 19
1.3　反転アンプ ……………………………………………………… 23
1.4　回路の設計 ……………………………………………………… 25
　　1.4.1　抵抗値の選定　25　　　1.4.2　反転または非反転　27
　　1.4.3　ゲインの調整　29
1.5　オペアンプ動作の考え方 ……………………………………… 30
1.6　オペアンプの応用 ……………………………………………… 31
　　1.6.1　加算回路　31　　　1.6.2　差動アンプまたは減算回路　33
　　1.6.3　ボルテージ・フォロワ　35
　　1.6.4　インスツルメンテーション・アンプ　38
　　1.6.5　電流－電圧コンバータ　39　　1.6.6　オフセット調整回路　40
1.7　フィルタ ………………………………………………………… 43

1.7.1　ボーデ線図　43　　　　　　1.7.2　1次ローパス・フィルタ　47
   1.7.3　1次ハイパス・フィルタ　51　　1.7.4　高次フィルタ　52
   1.7.5　受動素子の定数　55
1.8　オペアンプの性能 …………………………………………………………… 56
   1.8.1　オペアンプの種類　56　　　　1.8.2　絶対最大定格と電気的特性　57
   1.8.3　入力オフセット電圧　59
   1.8.4　入力バイアス電流・入力オフセット電流　62
   1.8.5　同相入力電圧範囲　63　　　　1.8.6　電圧利得　63
   1.8.7　利得帯域幅積　64　　　　　　1.8.8　最大出力電圧　65
   1.8.9　スルー・レート　65　　　　　1.8.10　入力インピーダンス　66
   1.8.11　出力インピーダンス　67　　　1.8.12　CMRR　67
   1.8.13　電源電圧除去比　69　　　　　1.8.14　消費電流　70
   1.8.15　入力換算雑音電圧　70　　　　1.8.16　全高調波ひずみ　70
1.9　単電源オペアンプ回路 ……………………………………………………… 71
   1.9.1　単電源動作　71　　　　　　　1.9.2　DCカプリング非反転アンプ　72
   1.9.3　ACカプリング非反転アンプ　74
   1.9.4　ACカプリング反転アンプ　77　1.9.5　単電源オペアンプ　79
演習問題 ……………………………………………………………………………… 80

第2章　フィードバックと周波数特性と安定性　82

2.1　ブロック・ダイアグラム ……………………………………………………… 82
2.2　オペアンプの特性 ……………………………………………………………… 87
2.3　フィードバックの効果 ………………………………………………………… 88
   2.3.1　周波数特性の拡大　88　　　　　2.3.2　ゲイン変動の減少　90
   2.3.3　直線性の向上　91　　　　　　　2.3.4　出力インピーダンスの低下　92
2.4　フィードバック回路の安定性 ………………………………………………… 93
   2.4.1　二つ以上のポールをもつアンプ特性　94
   2.4.2　フィードバックと不安定動作　96
   2.4.3　不安定動作させないために　98
   2.4.4　安定なオペアンプとするために　98
演習問題 ……………………………………………………………………………… 100

第3章　半導体素子　102

3.1　半導体　102
3.2　ダイオード　103
3.2.1　半波整流回路　104
3.2.2　順方向特性　105
3.2.3　逆方向特性　107
3.2.4　フォトダイオードとインターフェース回路　108
3.3　トランジスタ　109
3.3.1　トランジスタの基本動作　110
3.3.2　直流電流の計算法　113
3.3.3　電流・電圧特性　114
3.3.4　トランジスタモデル　116
3.3.5　エミッタ接地回路　119
3.3.6　エミッタ抵抗のあるエミッタ接地回路　121
3.3.7　ミラー効果と周波数特性　124
3.3.8　エミッタ・フォロワ（コレクタ接地回路）　127
3.4　FET　129
3.4.1　JFET　130
3.4.2　JFETモデル　132
3.4.3　MOSFET　135
演習問題　138

第4章　オペアンプの周辺回路　140

4.1　電力増幅回路　140
4.1.1　コンプリメンタリ・ペア　140
4.1.2　B級プッシュプル出力回路　141
4.1.3　B級プッシュプル回路の効率　143
4.1.4　トランジスタの放熱設計　144
4.2　スピーカをドライブする　147
4.2.1　アンプの構成　148
4.2.2　電圧増幅段の設計　148
4.2.3　出力トランジスタの選定　151
4.2.4　ドライバー段トランジスタの選定　155
4.2.5　バイアス回路　156
4.2.6　パワー・アンプ　157
4.3　電源回路　158
4.3.1　電源トランス　159
4.3.2　全波整流回路　160
4.3.3　ダイオードの絶対最大定格　161
4.3.4　平滑回路　163
4.3.5　電源回路の設計　164
4.4　電圧安定化回路　166

4.4.1　電圧変動率と内部抵抗　166　　4.4.2　一石レギュレータ　167
4.4.3　三端子レギュレータの使用法　168
4.4.4　三端子レギュレータの特性　169
4.4.5　三端子レギュレータの内部構成　170
4.4.6　低飽和型三端子レギュレータ　173
演習問題……………………………………………………………………………… 743

第5章　オペアンプの回路構成　176

5.1　オペアンプの内部回路 …………………………………………………… 176
　5.1.1　差動アンプ　177　　　　5.1.2　カレント・ミラー回路　182
　5.1.3　カレント・ミラーを負荷とした差動アンプ　184
　5.1.4　CC-CE 接続，CC-CC 接続　186
　5.1.5　ダーリントン接続　188　　5.1.6　バイアス回路　189
　5.1.7　出力回路　196　　　　　5.1.8　位相補償　190
5.2　JFET 入力オペアンプ …………………………………………………… 191
5.3　カレントフィードバック・オペアンプ ………………………………… 193
　5.3.1　カレントフィードバック・オペアンプの特徴　193
　5.3.2　カレントフィードバック・オペアンプの内部回路　194
　5.3.3　カレントフィードバック・オペアンプのゲイン特性　196
演習問題……………………………………………………………………………… 198

練習問題・演習問題の略解 ……………………………………………………… 199
参 考 文 献 ……………………………………………………………………… 211
索　　　引 ……………………………………………………………………… 212

0 はじめる前に

すべての電子回路は，小さな信号を大きくするために使われている．テレビの中にあっても，エアコンの中にあっても，携帯電話の中にあっても，電子回路の役割は信号を大きくすることである．ここではまず，なぜ"増幅"が必要なのかを考え，増幅される信号の性質，そして増幅回路を学ぶ上で必要となる基礎的な事項を確認しておこう．

0.1 信号増幅とは

電子回路が増幅するのは電気信号であるが，その信号は元々から電気であったわけではない．変移であったり，温度であったり，音声であったり，と電気以外の何らかの物理的な情報が電気へと変換されたものである．そして，電子回路で大きくされた信号はモータの回転とされたり，メモリディスク上の磁気とされたり，スピーカからの空気振動とされたり，と再び電気以外の物理量へと変換される．

例としてPA[1]を考えてみよう（図0.1）．マイクロフォンは音声を電気信号に変換し，電子回路（アンプ）[2]が信号を増幅してスピーカへと送り，スピーカから音声が再生される．ここで，もしもマイクロフォンの出力を直接スピーカに接続したならどうなるかを考えてみよう．結論からいえば，何も聞こえない．

どんな変換器でもそうだが，ある物理量を別の物理量に，たとえば空気の振動である音声を電気信号に，あるいは電気信号を音に変換すると，信号のもつエネルギーは小さくなる．これを変換効率とよぶ．変換効率が100%の変換器があれば，アンプなどなくてもオリジナルの音声と同じ大きさの音がスピーカから再生できるはずである．しかし効率は，マイクロフォンでは0.01%にも及ばず，スピーカでも1%足らずでしかない．音のエネルギーの数万分の1のエネルギーしか電気信号にならず，電気信号から音に変換されるエネルギーも百分の1ほどでしかないのだから，マイクロフォンを直接スピーカにつなげたとしても，再生されるエネルギーは数億分の1である．おそらくは，変換器の非直線性により0になるであろう．当然，ヒトの耳には聞

---

[1] Public Address. コンサート会場などでの音響サービス．
[2] amplifier. 増幅器．信号を増幅する回路の総称．

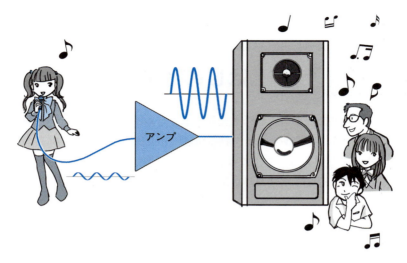

図 0.1　アンプがなければ何も聞こえない

こえない．アンプの役割の第 1 は，変換によって失われたエネルギーを補うことである．

また，信号は伝わるときにもエネルギーを失う．銅線であっても，光ファイバーであっても，電波であっても，信号は伝わる途中で減衰する．どんなに大声で叫んでも 1 km 先では聞こえないように，銅線を伝わる電気信号もファイバーを伝わる光信号も，何十 km も離れれば小さくなってしまう．小さくなればなるほどノイズ[1]が増え，やがてオリジナルの信号はノイズに埋もれて消えてしまう．アンプの役割の 2 番目は，伝送途中での損失を補うことである．

そして，元々から小さい信号を大きくすることが，アンプの第 3 の役割である．ヒトの目では見ることのできない微弱な光を増幅できれば，宇宙の様子をより詳しく知ることも可能となる．

さて，信号を大きくすることが電子回路の役目であるとしても，ただ大きくすればよいのではない．増幅される電気信号は，音声であったり映像であったりと，何らかの情報をもった信号である．この情報を損なうことなく増幅することが必要である．また，信号を大きくしたとしても，元々はなかった成分（ノイズ）に埋もれていては，聞き苦しくなったり，何の映像かわからなくなったりするであろう．信号のもつ情報を保ちつつ，余分なノイズを付け加えることなく増幅することが重要である．

---

1) noise. 雑音.

0.2　信号の性質

温度や気圧や明るさなど，センサによって物理量から変換された電気信号は，**直流信号**（D. C. signal）としての性質をもつ．たとえば温度信号であれば，15℃が15 mVのように，直流値と対応する．直流信号は一定の直流値が続く場合も，ゆっくりとした変動（おおむね1 Hz以下）をともなう場合もある．

直流信号を扱うアンプでは，回路ゲイン[1]の正確さ，信号のゼロからの偏差（オフセット）[2]，ゼロ点の変動（ドリフト）[3]，入出力信号の極性，に注意しなければならない（図 0.2）．もしもアンプの出力に1.5 mVのオフセット電圧があるのなら，15 mVは16.5 mVになり，15℃は16.5℃と値が変わってしまう．また，信号の極性が反転すれば，＋15℃は－15℃になってしまうだろう．

これに対して，直流成分を必要としない信号もある．音は，空気の疎密を繰り返す

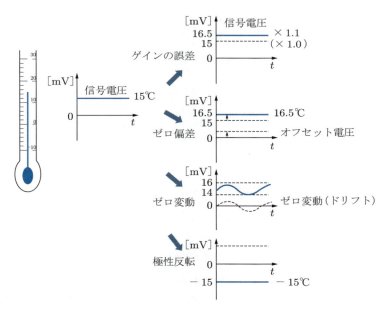

図 0.2　温度を正しく伝えるためには

---

1) gain. 増幅度．利得．信号を何倍に増幅するかを表す．
2) offset. 直流電圧あるいは電流の偏差．不要だが素子のバラツキなどの原因で生じてしまう直流偏差をオフセットと呼ぶ．これに対して，回路を動作させるために必要な直流電圧や電流をバイアス（bias）と呼ぶ．
3) drift. オフセット電圧（電流）の経時的変化．

振動であるが，絶対的な圧力が音を伝えるのではない．圧力の変化が情報となる，いわば交流的な信号である．ところが歴史的には，電話や無線通信など音を伝えることが電子回路の主目的であったため，一般に"交流信号"とはいわないで単に"信号"という．音声のような交流信号は，直流分があっても情報とはならないため，ゼロからの偏差は問題とされない．また，音の場合は信号の極性も問題とされない．

0.3 振幅と実効値

電子回路では交流信号の代表として正弦波(sine wave)を用いる．正弦波は図 0.3 に示すように**振幅**[1] A [V] と**周波数** (frequency) f [Hz] で表される．

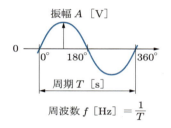

図 0.3　正弦波は振幅と周波数で表される

ある時刻 t [s] における電圧値を計算するためには，計算式に 2π の係数が現れる．そこで，計算式を簡単に見せるために角周波数 $\omega = 2\pi f$ [rad/s] が用いられる．

$$V = A\sin(2\pi ft) = A\sin(\omega t) \tag{0.1}$$

ところで，電気では交流信号の大きさは振幅 A ではなく，**実効値**で表す．電圧計の針の振れも実効値を指し示し，ディジタルメータの数値も実効値を表示する．実効値は波形を二乗し，積分して時間で割り(平均)，平方根で開いて求める．実効値を表す略号 rms は，計算方法である二乗(square)，平均(mean)，平方根(root)の頭文字を数式の順序で並べたものである．式 (0.2) に**実効値** (effective value) V_{rms} の計算方法を示す．

---

[1] amplitude. 最大値または波高値ともよぶ．

$$V_{\text{rms}} = \sqrt{\frac{1}{\pi}\int_0^\pi A^2\sin^2(\omega t)\mathrm{d}t} = \sqrt{\frac{A^2}{\pi}\int_0^\pi \frac{1}{2}(1-\cos(2\omega t))\mathrm{d}t}$$
$$= A\sqrt{\frac{1}{\pi}\frac{1}{2}\left[t-\frac{1}{2\omega}\sin(2\omega t)\right]_0^\pi} = \sqrt{\frac{1}{2}}A \quad (0.2)$$

計算の面倒な実効値を用いる理由は，エネルギーとして直流と同じに扱えるからである．図 0.4 (a) のように抵抗に直流電流 I を流したときを考える．抵抗では I^2R の電力が消費されると I^2R の熱が発生する．これは図 (b) の交流電流 i でも同じである．抵抗では i^2R の電力が消費され，i^2R の熱が発生する．ここで $I^2R = i^2R$ であれば，直流でも交流でも電気エネルギーから熱エネルギーに変換されるエネルギー量は等しい．言い換えれば，直流 I と交流 i のもつエネルギーは等しい．この直流とエネルギー的に等しくなる交流値が実効値なのである．

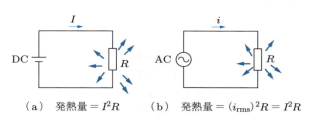

図 0.4　直流と同じエネルギーは実効値

式 (0.2) に示したように，正弦波であれば実効値と振幅値の間は，

$$実効値 = \frac{1}{\sqrt{2}} 振幅値 \quad (0.3)$$

の関係となる．なお，$1/\sqrt{2}$ の倍率となるのは正弦波の場合だけであって，波形が異なると倍率は異なる．

　電子回路でも，信号の大きさは実効値で表す．しかし，電子回路ではアンプ出力がクリッピング[1]しないでリニア[2]に増幅できる範囲を考えることが多い．この場合には振幅値を用いて考える．振幅値は $V_{\text{0-p}}$ と表記することもある．添字 0-p はゼロからピーク (peak) までを表す (図 0.5)．

---

1) clipping. 飽和．電源電圧や素子の能力のために出力が頭打ちとなった状態．
2) 電子回路では，入力と出力が比例する範囲を「リニア」あるいは「線型」という．

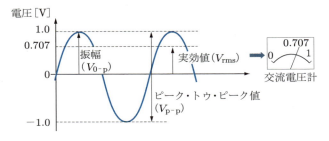

図 0.5 交流値の表し方

オシロスコープ (oscilloscope) を用いて波形観測するときには，波形の頂点から頂点の間を読むピーク・トゥ・ピーク値 (peak-to-peak) が便利である．ピーク・トゥ・ピーク値は $V_\text{p-p}$ と表記する．いうまでもなく $V_\text{p-p}$ は $V_\text{0-p}$ の 2 倍となる．

0.4 位　　相

交流信号では周波数，振幅の他にも**位相** (phase) を考えなければならない．位相は入力信号と出力信号の時間的なずれである（図 0.6）．信号の 1 周期は $360°$ であるから，位相は基準となる信号に対して何度の差があるかで表す．式で表せば，以下のようになる．

$$V = A\sin(\omega t + \theta) \tag{0.4}$$

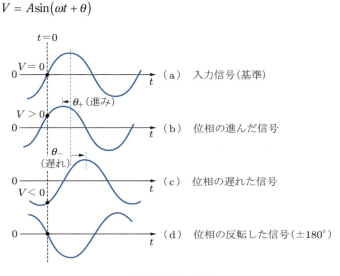

図 0.6　信号の位相

位相 θ のプラスマイナスは迷いやすい．基準となる信号（原則として入力信号）が $0°$ の瞬間を考える．このとき，値がプラスにある信号は $\sin(\theta) > 0$ であるから $0° < \theta < 180°$ であり，波形は図 0.6(b) のように左に移動したように見える．これを位相が**進む**と表す．反対に，基準信号が $0°$ の瞬間に値がマイナスにある信号は $\sin(\theta) < 0$ であるから $-180° < \theta < 0°$ である．このとき，波形は右に移動したように見える（図 0.6(c)）．これを位相が**遅れる**と表す．図 0.6(d) は位相が**反転**した波形であるが，このときの θ は $+180°$ または $-180°$ である．

位相が"進む"といっても，連続信号において見かけ上早くなったように（左に動いたように）見えるだけであり，本当に時間的に"進む"わけではない．

0.5 伝達関数

伝達関数 (transfer function) G は，アンプの入力と出力の関係を表す（**図 0.7**）．入力電圧を v_i，出力電圧を v_o としたとき，v_i と v_o の関係は信号周波数 f によって変化する．したがって G は周波数 f の関数である．

$$G(f) = \frac{v_o}{v_i} = \frac{|v_o| \angle \theta_o}{|v_i| \angle \theta_i} \tag{0.5}$$

ある周波数における伝達関数の大きさ（ゲイン）は，以下となる．

$$|G| = \frac{|v_o|}{|v_i|} \tag{0.6}$$

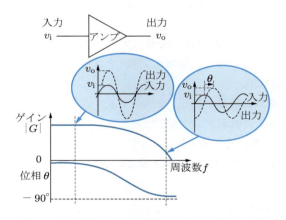

図 0.7　伝達関数は入出力信号の大きさと位相の変移

位相（差）は入力信号に対して出力信号がどれだけ変移するかを表す．

$$\theta = \theta_\mathrm{o} - \theta_\mathrm{i} \tag{0.7}$$

0.6 デシベル

電子回路ではゲインにデシベル[1]［dB］を用いて表す．デシベル（電圧，電流）は，

$$G[\mathrm{dB}] = 20 \cdot \log |G| \tag{0.8}$$

である．ここで，対数は工学の慣習にしたがって，$\log_{10}(x)$ を $\log(x)$ と底を省略して記す．

数値は対数とすると，かけ算は足し算に，わり算は引き算となる．このため「ゲインが何倍」というかわりに「＋何デシベル」と表す．「ゲインが1/何倍」のときには「－何デシベル」である．これは，数字の桁数が大きくなることによる間違い（0.0001倍

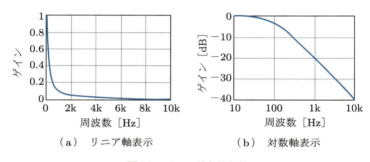

（a）リニア軸表示　　　（b）対数軸表示

図 0.8　リニア軸と対数軸

など）を防ぐためと，横軸に周波数，縦軸にゲインを表す場合，横軸は広範囲の周波数を表すために対数としたとき，縦軸も対数（デシベル）とすると直線的に特性を表せるためである（**図 0.8**）．

また，アンプを縦列に接続すると，全体のゲインはそれぞれのアンプのゲインをかけ算したものとなる．これがデシベルでは足し算となる．たとえば，ゲインが10倍，20倍，40倍のアンプを縦列接続すれば，全体のゲインは 10×20×40＝8000 倍であるが，これをデシベル表記すれば，20 dB＋26 dB＋32 dB＝78 dB となる．

---

[1] deci-Bell．電話の発明者 A. Bell にちなんでつけられた単位．deci は 1/10 を表す接頭語．Bell では大きすぎたため，1/10 とされている．

表 0.1 電圧(電流)ゲイン(倍)とデシベル

ゲイン	dB	ゲイン	dB
1 倍	0	$1/\sqrt{2}$ 倍	-3
2 倍	$+6$	1/2 倍	-6
4 倍	$+12$	1/4 倍	-12
10 倍	$+20$	1/10 倍	-20
20 倍	$+26$	1/20 倍	-26
100 倍	$+40$	1/100 倍	-40

なお,オペアンプ回路では反転アンプ(入力信号と出力信号のプラスマイナスが逆になる回路),非反転アンプ(入出力信号の極性が同じ回路)など信号の極性が異なる回路があるが,デシベルでは信号の極性は問題としない(絶対値である).アンプが信号を 5 倍する場合(非反転アンプ)も,-5 倍する場合(反転アンプ)も,どちらもゲインは $+14\,\mathrm{dB}$ である.

表 0.1 にゲインとデシベルの関係を示す.デシベルがプラスであれば増幅であり,デシベルがマイナスであれば減衰である.ここで,$-3\,\mathrm{dB}$ ($1/\sqrt{2}$ 倍) は,アンプの特性を表すときに重要な数値となるので覚えておく.

ところで,電力 = 電圧 × 電流である.電圧が 2 倍で電流が 2 倍では電力は 4 倍になる.しかし,電圧が $+6\,\mathrm{dB}$ で電流が $+6\,\mathrm{dB}$ のときに,電力も $+6\,\mathrm{dB}$ と扱いたい.そのため電力 P のデシベルは係数が 10 となる.

$$P\,[\mathrm{dB}] = 10 \cdot \log \left| \frac{P_\mathrm{o}}{P_\mathrm{i}} \right| \tag{0.9}$$

なお,電子回路でデシベル表記する場合はほとんどが電圧であり,式 (0.9) を用いることはめったにない.

0.7 テブナン等価回路・ノートン等価回路

複雑な回路をすべて計算していたのではたいへんである.そこでエンジニアは,回路の一部を,接続が異なっていても見かけ上は同じ動作をする**等価回路**(equivalent circuit)に置き直して計算を簡単にする方法を編み出した.等価回路は,中身がどうであれ,外から見たときに同じ動作,すなわち入力電圧と電流,出力電圧と電流が同じとなる回路である.動作が同じであるならば,より簡単な構成の,あるいは単純化された回路のほうが計算が楽になる.

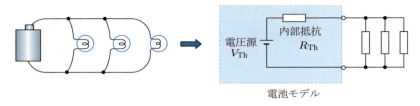

図 0.9　電池のモデル（テブナン等価回路）

等価回路には，電圧源と直列インピーダンスを用いる**テブナン**（Thévenin）**等価回路**と，電流源と並列インピーダンスを用いる**ノートン**（Norton）**等価回路**がある．

乾電池に電球をつなぐと，端子電圧はわずかに低くなる．電球を 2 個，3 個と並列に増やしてゆくと，端子電圧はさらに低くなる．この電圧降下の原因はわからないとしても，**図 0.9** のように電圧源（出力抵抗＝0 Ω）に**内部抵抗**が直列接続された回路にモデル化できる．これがテブナン等価回路である．ここで電圧源が交流で，抵抗がインピーダンスであってもかまわない．

図 0.10 にテブナン等価回路の例を示す．図 0.10（a）の回路の A-A′ 直線より左側をテブナンの定理を用いて簡略化する．まず，A-A′ 直線より右側を開放したときの電

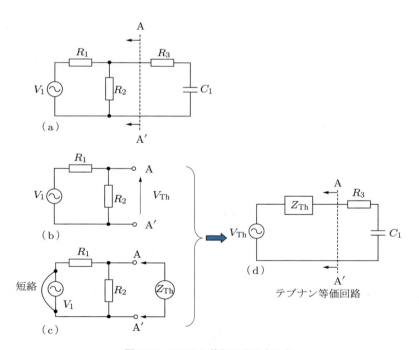

図 0.10　テブナン等価回路の求め方

圧 V_{Th} を計測する（図(b)）．この電圧 V_{Th} は，テブナン等価回路の電圧源の大きさとなる．次に，テブナン等価回路の内部インピーダンス Z_{Th} を求める（図(c)）．Z_{Th} は，内部にもつ電圧源をすべて短絡して A–A′ 直線の右側より観測したインピーダンスとなる．

$$V_{Th} = \frac{R_2}{R_1 + R_2} V_1 \tag{0.10}$$

$$Z_{Th} = \frac{R_1 R_2}{R_1 + R_2} = (R_1 \parallel R_2) \tag{0.11}$$

回路は V_{Th} と Z_{Th} を用いて簡略化される（図(d)）．なお，式(0.11)に現れる記号 "$\parallel$" は，並列接続を表す．ここで Z_{Th} は，等価回路の内部にあるが，出力に接続される負荷によって電圧を下げるようにはたらく．このため，**出力インピーダンス（出力抵抗）** ともよばれる．

電圧源を用いるテブナン等価回路はまだわかるだろうが，電流源を用いるノートン等価回路はわかりにくいかもしれない（図 0.11）．電流源は，（接続があれば）常に一定の電流を流す仮想的な素子である．電圧源であれば，何 Ω の抵抗を接続するかで流れる電流が決まるが，電流源では何 Ω の抵抗を接続しようと流れる電流は一定となる（電圧が変化する）．

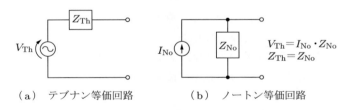

(a) テブナン等価回路　　(b) ノートン等価回路

図 0.11　テブナン等価回路とノートン等価回路

ノートン等価回路を得る手順も，テブナン等価回路の場合と同様である．まず，回路端子を外から見たときのインピーダンスを求める．これは，電流源の出力抵抗は ∞ であるから，並列インピーダンス Z_{No} となる．次に，端子を開放したときの電圧を求め，開放電圧/並列インピーダンスから電流源 I_{No} の大きさを求める．

テブナン等価回路とノートン等価回路は，相互に変換可能である．

$$V_{Th} = I_{No} \cdot Z_{No} \tag{0.12}$$

$$Z_{Th} = Z_{No} \tag{0.13}$$

0.7　テブナン等価回路・ノートン等価回路

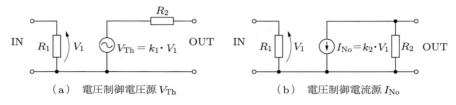

(a) 電圧制御電圧源 V_{Th}　　　　　(b) 電圧制御電流源 I_{No}

図 0.12　電圧制御電圧源 (VCVS) と電圧制御電流源 (VCCS)

　テブナン等価回路の電圧源,ノートン等価回路の電流源,どちらも値は固定値である.これらを外部電圧に応じて変化するように拡張した素子が,**電圧制御電圧源** (VCVS, voltage controlled voltage source) と**電圧制御電流源** (VCCS, voltage controlled current source) である (図 0.12).電子回路では,VCVS または VCCS を用いて半導体素子をモデル化し,それらのモデルを用いて回路動作を計算する.たとえばオペアンプは内部に VCVS をもった素子としてモデル化し,トランジスタは,電圧入力によって電流を出力する素子と考え,VCCS を用いてモデル化する.

0.8　記　号

　本書では,入力電圧 V_i,出力電圧 V_o のように電圧,電流などの項目を大文字の記号として,測定点を小文字の添字で表す.端子名があるときは,コレクタ電流 I_C のように大文字の添字を用いる.電源電圧などの直流成分は V_CC のように大文字の記号に大文字の添字で表す.いうまでもなく電圧は,グランド(GND)[1])に対する電位差である.
　V_BE のように二つの添字をもつときは,グランドに対する電位ではなく第二添字のポイントに対する電位を表す.V_BE は第二添字の E(エミッタ)を基準とした B(ベース)の電圧を表す.
　トランジスタ回路の解析では,直流分は無視して交流分のみを考える.この場合は i_c のように小文字の記号に小文字の添字で表す.
　信号の微小変化には Δ 記号を用いる.たとえばトランジスタは,ベース・エミッタ間の電圧変化を入力としてコレクタ電流の変化を出力とするが,この関係を,$\Delta I_\mathrm{C}/\Delta V_\mathrm{BE}$ と表す.あるいは,交流信号として表記すれば $i_\mathrm{c}/v_\mathrm{be}$ である.Δ は数学における微分記号 d と同じ意味である.

---

1) グランド(ground, GND).アース(earth)ともよばれる.どちらも地面を意味するが,電子回路の場合には地面につながる必要はない.信号あるいは電源の原点となる 0 V の端子である(英語の ground には"基準"の意味もある).GND と表記される.

表 0.2　本書で用いるおもな記号

記号	内容	記号	内容
A	オープンループ・ゲイン（電圧ゲイン）	T_C	ケース温度
A_i	電流ゲイン	T_j	接合部温度
G	クローズドループ・ゲイン	V_A	アーリー電圧
GND	グランド	V_{BE}	ベース・エミッタ間電圧
f_c	カットオフ周波数	V_{CC}	電源電圧
f_{GB}	ユニティゲイン周波数	V_{CE}	コレクタ・エミッタ間電圧
g_m, G_m	トランスコンダクタンス（トランジスタ，回路）	V_i, v_i	入力電圧（DC，AC）
$h_{FE}, (\beta)$	エミッタ接地電流ゲイン	V_{IN+}	非反転入力端子電圧（オペアンプ）
I_B, i_b	ベース電流（DC, AC）	V_{IN-}	反転入力端子電圧（オペアンプ）
I_C, i_c	コレクタ電流（DC, AC）	V_o, v_o	出力電圧（DC，AC）
I_E, i_e	エミッタ電流（DC, AC）	V_T	熱電圧
R_L	負荷抵抗	Z_{in}	入力インピーダンス
R_o, r_o	出力抵抗（オペアンプ，トランジスタ）	α	ベース接地電流ゲイン
r_π, R_i	入力抵抗（トランジスタ，回路）	β	帰還率（フィードバック回路）
T_a	周囲温度		

$$\frac{\Delta I_C}{\Delta V_{BE}} = \frac{i_c}{v_{be}} = \frac{dI_C}{dV_{BE}} \tag{0.14}$$

本書でしばしば用いる記号を**表 0.2**に示す．

0.9　回路の計算

　電子回路には抵抗やキャパシタ[1]などのパーツを使用する．これらのパーツの許容差は，抵抗が±1%以内，キャパシタでは±5%以内のものが実際上，入手できる最も高精度なものである．したがって，電子回路設計では±1%の許容差を有効に使うため，計算結果に3桁の精度を確保する．

---

1) capacitor．日本ではコンデンサとよばれるが，英語では capacitor である．本書ではキャパシタと表記する．ちなみにコイルは英語で inductor である．

たとえば「5 V の電源から 12 mA の電流を流す抵抗値」を求めたいとする．ここで電源電圧を「5 V」と記せば有効数字は 1 桁であるが，定電圧回路は 1 ～ 3% の精度は有している．したがって 5.00 V±1% のように考える．また，12 mA も要求される精度は 12.0 mA と考える．つまり 5.00 V/1.20×10^{-2} A = 416.6 Ω と計算し，4 桁目を四捨五入して，417 Ω と 3 桁の精度を得るように計算する．

なお，計算結果の抵抗値などは慣例として，1.00 kΩ とは表記せず 1 kΩ と表記する．また，原則として 4.70×10^{-8} F のように指数表記としないで，47 μF のように接頭語を用いた表記とする．

0.10 接頭語を用いた計算

電子回路では 1000 倍，1/1000 など 10^{3n} 倍ごとに接頭語を用いる（表 0.3）．
接頭語は数字を表すのに便利なだけでなく，計算にもそのまま使うことができる．よく使われる計算例を以下に示す．

$$\frac{1\mathrm{V}}{1\mathrm{k}\Omega} = 1\mathrm{mA} \quad \frac{1\mathrm{mV}}{10\mathrm{k}\Omega} = 0.1\mathrm{\mu A} \quad \frac{1\mathrm{V}}{100\mathrm{k}\Omega} = 0.01\mathrm{mA} = 10\mathrm{\mu A}$$

$$\frac{1}{1\mathrm{ms}} = 1\mathrm{kHz} \quad \frac{1}{1\mathrm{MHz}} = 1\mathrm{\mu s} \quad \frac{1}{1\mathrm{ns}} = 1\mathrm{GHz}$$

表 0.3　代表的な接頭語

倍数	接頭語	倍数	接頭語
10^3	k（キロ）	10^{-3}	m（ミリ）
10^6	M（メガ）	10^{-6}	μ（マイクロ）
10^9	G（ギガ）	10^{-9}	n（ナノ）
10^{12}	T（テラ）	10^{-12}	p（ピコ）

演習問題

0.1 振幅が 5 V の正弦波電圧の $V_{p\text{-}p}$，$V_{0\text{-}p}$，実効値（V_{rms}）を求めよ．

0.2 1 mV を入力したとき出力が 100 mV になる回路がある．ゲインは何 dB か．

0.3 1 V を入力したとき出力が 1 mV になる回路がある．ゲインは何 dB か．

0.4 アンプのゲインが 50 dB である．入力信号が 0.2 mV ならば出力は何 V になるか．

0.5 10 mV の入力電圧が −2 V に増幅されるアンプがある．ゲインは何 dB か．

0.6 問図 0.1 の波形がある．
　　(1) (a) の波形の振幅，実効値はいくらか．

(2) 周波数はいくらか．
(3) (a) の位相を $0°$ とすると，(b) の位相は何度か．
(4) (a) を入力，(b) を出力とすると回路のゲインは何 dB か．
(5) (b) を入力，(a) を出力とすると回路のゲインは何 dB か．

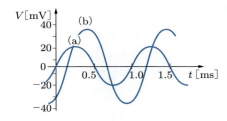

問図 0.1

1 オペアンプ

　オペアンプ回路の設計ができれば，いろいろな電子回路を作ることができる．これは高性能のオペアンプが安価に入手できるようになったためでもあるが，オペアンプの特性が"理想的"であるために，IC 内部を知らなくても回路設計できるからでもある．もちろん，より高性能な回路を設計製作するためにはオペアンプ内部の構造や，回路の特徴，制約などもよく知っておかなければならない．まずは，簡単な回路なら設計できるようにオペアンプの使い方から始めよう．

1.1 オペアンプとは

　オペアンプは図 1.1 に示すようにプラスとマイナスの電源端子，二つの入力端子，そして一つの出力端子をもった半導体集積回路 (IC, integrated circuit) である．1 個のパッケージに収められているが，内部は数十個のトランジスタや抵抗で構成される電子回路である．図 1.2 に示すようにフラットパッケージ，DIP (dual inline package) などのパッケージがあり，一つのパッケージに 2 回路 (dual) あるいは 4 回路 (quad) のオペアンプを収めたタイプもある．

　オペアンプの二つの入力端子は，その性質に応じて非反転 (non-invert) IN＋と反転 (invert) IN－と名付けられている．オペアンプは，二つの入力端子の間の電圧差を増幅して，出力端子 OUT に電圧として出力する．**非反転入力端子** IN＋の電圧 V_{IN+} が，**反転入力端子** IN－の電圧 V_{IN-} より高ければ出力電圧はプラスに，V_{IN+} が V_{IN-} より低ければ出力電圧はマイナスとなる．

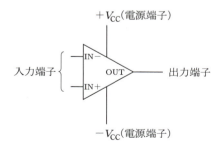

図 1.1　オペアンプ端子

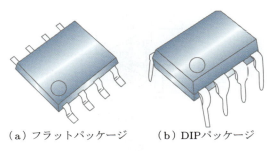

（a）フラットパッケージ　　　（b）DIPパッケージ

図 1.2　各種のパッケージ

オペアンプは一般的に，電源にもプラス（$+V_{CC}$）とマイナス（$-V_{CC}$）の二つを使う二電源アンプである．電源を二つ用意しなければならないことがめんどうに思われるかもしれない．ところが，電気信号はグランド線（0Vに一定の基準線[1]）と信号線（電圧が変化して信号を伝える線）の2本で伝えられる．音声のようなアナログ信号では，信号線の電位はプラスになったりマイナスになったりを繰り返す．二電源アンプであれば±V_{CC} の間の電圧を扱うことができるから，プラスマイナスと変化する電圧を増幅するには都合がよい．

<u>電源電圧±V_{CC} は，出力電圧の最大値よりも約 2.0 V 以上大きくする</u>．同時に，<u>オペアンプの限界（**絶対最大定格**）以下でなければならない</u>．多くのオペアンプで絶対最大定格は±18 V であり，電源電圧は±3〜±15 V が使用される．なお，単一電源で動作するオペアンプもある．

初心者にとっては迷惑であるが，回路図では，グランドと電源は当然供給されるものとして省略して描かれることが多い（**図 1.3**（a））．しかし，描かれていなくても図（b）のように<u>グランドと ±V_{CC} の 3 本の線は電源とつながっており</u>，さらにそれぞれの電源とグランドの間には，0.01〜0.22 μF 程度のキャパシタ C_p が接続されているとみなす．これが電子回路エンジニアとしての第一歩である．

この電源とグランド間のキャパシタを，日本ではバイパス・コンデンサ，通称パスコンとよぶ．英語では decoupling capacitor である．

オペアンプの出力電流が変化すると，オペアンプに供給される電源電流も変化する．この電源電流の変化は，電源電圧にも変動を引き起こす．この電圧変化がオペアンプの動作に影響を及ぼし，発振[2]などの不安定動作を引き起こす．このため電源には，電流変動があっても電圧変化の小さい，つまり出力インピーダンスの小さい性能が要

---

1) 0 V であってほしいのだが，配線，ノイズ，その他の原因により，電位が生じてトラブルの原因となる．
2) oscillation．入力がないにもかかわらず，出力に特定周波数の信号を出力する現象．

1.1　オペアンプとは

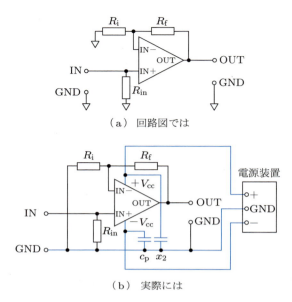

（a）回路図では

（b）実際には

図 1.3　回路図と実際の配線

求される．

　しかし，いくら電源装置のインピーダンスが小さくても，数 MHz 以上の帯域では，電源から基板までの数十 cm の配線がインピーダンスとしてはたらいてしまう．瞬間的な電流変化は電源ラインのインピーダンスによって電圧となり，オペアンプ端子での電圧変動となる．

　そこで，オペアンプの電源端子のできるだけ近くにパスコンを取り付ける．パスコンは電源電圧の瞬間的な変動に対し，内部に蓄えた電荷を充放電して電圧変動を押さえるようにはたらく．つまりパスコンは，瞬時的には電源としてはたらき，電圧変動を小さく抑える．このはたらきは，電源インピーダンスを小さくすることと同じである．

　さて，オペアンプには二つの入力端子があるが，出力端子は一つである．二つの入力端子 IN+ と IN− の電位を V_{IN+} と V_{IN-} とし，入力端子間の電圧差を ΔV とすれば出力電圧 V_o は，

$$V_o = A \cdot (V_{IN+} - V_{IN-}) = A \cdot \Delta V \tag{1.1}$$

となる．ここで A をオープンループ・ゲイン[1]とよぶ．A はオペアンプに固有の値で

---

[1] open-loop gain．開放利得，裸ゲイン．フィードバックを使用しないアンプ回路のゲイン．「オペアンプのゲイン」と記したときはオープンループ・ゲインである．

あり，10万〜300万倍（100〜130 dB）と非常に大きな値である．たいていの回路計算では，無限大とみなしてよい．

しかし，オープンループ・ゲインが100万倍あるといっても，1 Vの入力が100万Vになって出力されることはない．オペアンプの出力電圧が，電源電圧を上回ることはあり得ない．出力が頭打ちになったクリッピング状態となる．

この大きなオープンループ・ゲインを，仮に100万倍とすれば，オペアンプには出力電圧が1 Vのときにもわずか1 μVの電圧しか入力されていないことになる．実質的に，入力電圧 $\Delta V = 0$ V である．これはオペアンプの重要な性質の一つである．

また，式(1.1)にみるように入力電圧は入力端子間の電位差 $V_{IN+} - V_{IN-}$ であるが，出力電圧 V_o はグランドに対する電圧である．

それでは，どのように電位差から出力電圧が定まるかを見てみよう．

1.2 非反転アンプ

図1.4に示すように，オペアンプには入出力電圧間の極性により，二つの増幅方式がある．入力と同じ極性の電圧を出力する非反転アンプ（図(a)）と逆極性の電圧を出力する反転アンプ（図(b)）である．

図1.5に**非反転アンプ**（non-invertering amplifier, non-inverter）を示す．非反転アンプは，入力 V_i がプラスのときは出力 V_o もプラス，入力がマイナスのときには出力もマイナス，と入力と同じ極性の信号を出力する．

非反転アンプでは，入力信号 V_i は直接，非反転入力端子 IN＋ へ入力される．もしも IN＋ の電位 V_{IN+} が反転入力端子 IN－ の電位 V_{IN-} よりもわずかでもプラスであれば，オペアンプはその A 倍の電圧を出力する．一方，V_{IN-} は V_o を R_i と R_f で分圧した値となる．したがって V_o が高くなれば V_{IN-} も高くなり，電位差 ΔV は小さくなる．ΔV が小さくなれば，その A 倍である V_o も小さくなり，その分 V_{IN-} も下がって ΔV は大きくなる．結果として，オペアンプは式(1.1)の状態で釣り合う．

このように，出力電圧の一部を入力に戻す方式を**ネガティブ・フィードバック**[1]とよぶ．あるいは，フィードバックによって出力を入力に戻すループができるため，**クローズドループ**[2]ともよばれる．また，R_i と R_f より構成される分圧回路を**フィードバック・ネットワーク**とよぶ．

---

1) negative feedback. 負帰還．簡単にフィードバックともよばれる．電子回路に限らず，あらゆるシステムの性能向上に用いられる技法である．NFB あるいは NF と略される．
2) closed-loop. 閉回路．ループが完成することを「閉じる」という．

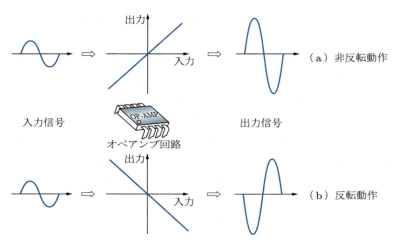

図1.4　入力信号と出力信号の極性

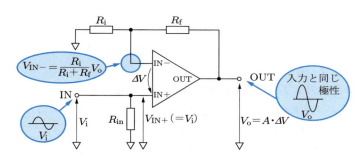

図1.5　非反転アンプ接続

以上の動作を数式で表してみよう．

　オペアンプの入力端子には電流は流れない．したがって，反転入力端子 IN− の電位 V_{IN-} は，フィードバック・ネットワーク R_i と R_f で出力電圧 V_o を分圧した値となる．

$$V_{IN-} = \frac{R_i}{R_f + R_i} V_o \tag{1.2}$$

$V_i = V_{IN+}$ であるから，式(1.1)の両辺を入力電圧 V_i で割って

$$\frac{V_o}{V_i} = A \cdot \left(1 - \frac{V_{IN-}}{V_i}\right) \tag{1.3}$$

であり，式(1.2)を式(1.3)に代入して，次式が求まる．

$$\frac{V_\mathrm{o}}{V_\mathrm{i}} = A \cdot \left(1 - \frac{R_\mathrm{i}}{R_\mathrm{i}+R_\mathrm{f}} \cdot \frac{V_\mathrm{o}}{V_\mathrm{i}}\right) \tag{1.4}$$

これより非反転アンプ回路のゲインである**クローズドループ・ゲイン**[1] G は

$$G = \frac{V_\mathrm{o}}{V_\mathrm{i}} = \frac{A}{1+A\cdot\left(\dfrac{R_\mathrm{i}}{R_\mathrm{i}+R_\mathrm{f}}\right)} = \frac{R_\mathrm{i}+R_\mathrm{f}}{R_\mathrm{i}} \cdot \frac{1}{1+\dfrac{1}{A}\cdot\dfrac{R_\mathrm{i}+R_\mathrm{f}}{R_\mathrm{i}}} \tag{1.5}$$

と求められる.ここで,オペアンプのオープンループ・ゲイン A は大きいので ∞ とみなせば式 (1.5) は,次の近似式となる.

$$G \approx 1 + \frac{R_\mathrm{f}}{R_\mathrm{i}} \tag{1.6}$$

後述するようにこの式の誤差はほとんどない.回路設計では,式 (1.6) を用いればよい.

図 1.6 に入出力電圧の関係を示す.電源電圧 $\pm V_\mathrm{CC}$ とすれば出力電圧は,おおむね $\pm(V_\mathrm{CC}-2)$ [V] の範囲でリニアに応答する.それを超えるとクリッピングする.

式 (1.6) に示されるように,<u>オペアンプのオープンループ・ゲイン A が大きければ,クローズドループ・ゲイン G の値は,A には左右されず,フィードバック・ネットワーク R_i と R_f によって定まる</u>.というよりもむしろ,オペアンプはフィードバックを使っ

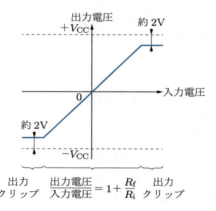

図 1.6 非反転アンプの入出力特性

---

1) closed-loop gain.閉回路利得.フィードバックを使用したアンプ回路のゲイン.回路の伝達関数である.単に「回路ゲイン」と記したときは,クローズドループ・ゲインである.

てはじめて回路の特性を定められる素子である．リニアに応答する範囲，すなわちフィードバックが正しく働いている範囲では，式(1.6)が成立する．念のために付け加えておくが，Gの値をいくらに設定しようとオペアンプ自身のゲインAは変化しない．Gは図1.5のINからOUTまでの回路ゲインである．

また，出力電圧を反転して入力に戻すのであるから，クローズドループ・ゲインGはオープンループ・ゲインAよりも小さくなる．ただし$G \geqq 1$（オペアンプによってはさらに大きな値）として使えば，フィードバックが不安定になることはない．フィードバックのはたらきは，第2章でより詳しく学ぶ．

ここで，Aは非常に大きな値であるので，フィードバック・ループを構成したオペアンプ回路では，IN＋とIN－の電位V_{IN+}とV_{IN-}は見かけ上同じになる．この状態をヴァーチャル・ショート[1]とよぶ．オペアンプが正常に動作しているとき，つまり式(1.6)が成立しているときには，ヴァーチャル・ショート状態を示す．

言い換えれば，二つの入力端子に電位差があるときには，オペアンプは正常動作していない．ヴァーチャル・ショートを利用すれば，基板に実装されたオペアンプの電源を入れたまま，二つの入力端子間の電圧を計って不良を発見できる．テスターの針が振れるようであれば，出力電圧がクリップしているか，オペアンプが壊れているか，回路が間違っている．

なお，ヴァーチャル・ショートは，ショートとよばれるが，電位が同じになるだけであって，入力端子IN＋とIN－の間に電流が流れるわけではない．IN＋とIN－の間は非常に高い抵抗（インピーダンス），実質的には無限大のインピーダンスと考えてよい．つまりは，入力端子に流れる電流は0である．これを**高入力インピーダンス**とよぶ．これもオペアンプの重要な性質である．

例題 1.1

図1.5で$R_f = 99R_i$となる非反転アンプを作成した．この回路に使用するオペアンプのオープンループ・ゲインAが，

(1) $A = 10^2$　　(2) $A = 10^3$　　(3) $A = 10^4$

のとき，クローズドループ・ゲインを求めよ．また，$A = \infty$と比較したときの誤差を求めよ．

解　式(1.5)より以下のようになる．

---

[1] virtual short. 仮想短絡．

(1) $G = \dfrac{10^2}{1 + 10^2 \cdot \left(\dfrac{1}{100}\right)} = 50,\quad \text{err} = \dfrac{50 - 100}{100} \times 100 = -50\%$

(2) $G = \dfrac{10^3}{1 + 10^3 \cdot \left(\dfrac{1}{100}\right)} \approx 90.91,\quad \text{err} = \dfrac{90.91 - 100}{100} \times 100 = -9.1\%$

(3) $G = \dfrac{10^4}{1 + 10^4 \cdot \left(\dfrac{1}{100}\right)} \approx 99.01,\quad \text{err} = \dfrac{99.01 - 100}{100} \times 100 = -0.99\%$

A が 10^4 を超えれば,式 (1.6) の誤差は 1% 以下となることがわかる.

 練習問題

1.1 図 1.5 の非反転アンプで,$R_\text{i} = 2\,\text{k}\Omega$,$R_\text{f} = 10\,\text{k}\Omega$ のときのクローズドループ・ゲインは何倍か.また,それは何 dB か.オペアンプのオープンループ・ゲイン $A = \infty$ とする.

1.2 図 1.5 で $R_\text{in} = 20\,\text{k}\Omega$,$R_\text{f} = 100\,\text{k}\Omega$,$R_\text{i} = 5\,\text{k}\Omega$ である.いま,使用しているオペアンプのオープンループ・ゲイン A が 2×10^5 から 1×10^5 に低下したとき,クローズドループ・ゲインは何 % 低下するか.

1.3 反転アンプ

図 1.7 は入力信号と出力信号の極性が逆になる**反転アンプ**(inverting amplifier, inverter)である.反転アンプでは,入力信号 V_i は入力抵抗 R_i を通って反転入力 IN− に導かれる.さらに OUT と IN−端子の間にはフィードバック・ネットワーク(R_f と R_i)が接続されている.また,非反転入力 IN+ は R_b を介してグランドに接続(接地)[1] される.回路の動作は以下のとおりである.

オペアンプの入力端子に電流が流れないとすれば,R_b が接続されていてもいなくても動作は同じである(R_b を用いる理由は,1.4 節に述べる).R_i を流れる電流 I_i と R_f を流れる電流 I_f は,以下となる.

$$I_\text{i} = \dfrac{V_\text{i} - V_\text{IN-}}{R_\text{i}},\qquad I_\text{f} = \dfrac{V_\text{IN-} - V_\text{o}}{R_\text{f}} \tag{1.7}$$

---

[1] 接地.文字どおりであれば地面にさわるとの意だが,電子回路ではグランド線に接続することを意味する.グランド線は,入出力に共通の基準となる電位である.そのグランド線が地面に接続されているかどうかは,電子回路では問題ではない.

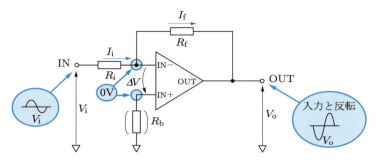

図 1.7 反転アンプ接続

ここで $I_i = I_f$ である．また，オープンループ・ゲイン A が十分に大きければ，IN＋と IN－ の間はヴァーチャル・ショートとなり電位は等しくなる．つまり反転入力 IN－ もグランド電位となる．この状態をヴァーチャル・グランド[1]とよぶ．式(1.7)に $V_{\text{IN}-} = 0$ を代入すると以下となる．

$$\frac{V_i}{R_i} \approx \frac{-V_o}{R_f} \tag{1.8}$$

これより反転アンプのクローズドループ・ゲイン G を求められる．

$$G = \frac{V_o}{V_i} \approx -\frac{R_f}{R_i} \tag{1.9}$$

式 (1.6)，(1.9) に示されるように非反転，反転アンプのいずれも，フィードバック・ネットワーク R_i と R_f によって任意にクローズドループ・ゲイン G が定められる．これは繰り返すが，オープンループ・ゲイン A が大きいためである．

念のため $A \neq \infty$ の場合も考えてみよう．R_b には電流は流れないから $V_{\text{IN}+} = 0$ である．このとき式 (1.1) は，

$$V_o = -A \cdot V_{\text{IN}-} \tag{1.10}$$

となる．$I_i = I_f$ であるから，式 (1.10) を式 (1.7) に代入して以下となる．

---

[1] virtual ground．仮想接地．IN＋端子が接地しているときのヴァーチャル・ショートである．両方の入力端子が 0 V となっている．

$$\frac{V_\mathrm{i} + \dfrac{V_\mathrm{o}}{A}}{R_\mathrm{i}} = \frac{-\dfrac{V_\mathrm{o}}{A} - V_\mathrm{o}}{R_\mathrm{f}} \tag{1.11}$$

これを整理して反転アンプのクローズドループ・ゲイン G を求める．

$$G = \frac{V_\mathrm{o}}{V_\mathrm{i}} = -\frac{R_\mathrm{f}}{R_\mathrm{i}} \frac{1}{1 + \dfrac{1}{A} \cdot \dfrac{R_\mathrm{i} + R_\mathrm{f}}{R_\mathrm{i}}} \tag{1.12}$$

式 (1.12) でオープンループ・ゲイン A を ∞ とすれば分母は 1 となる．これは式 (1.9) と同じ形である．

非反転アンプ，反転アンプとも，出力電圧 V_o はフィードバック・ネットワークによって，グランドを基準として分圧されて反転入力端子に戻される．このため，オペアンプにグランド端子はなくても，出力電圧はグランドを基準とした電圧となる．

練習問題

1.3 図 1.6 にならって，図 1.7 に示す反転アンプの入出力特性を図示せよ．ただし $R_\mathrm{i} = 10\,\mathrm{k\Omega}$，$R_\mathrm{f} = 20\,\mathrm{k\Omega}$，$R_\mathrm{b} = 6.8\,\mathrm{k\Omega}$ として，電源電圧 $\pm 12\,\mathrm{V}$ とする．オペアンプは |電源電圧 -2| V まで出力できるとする．

1.4 図 1.7 の反転アンプ回路で，$R_\mathrm{i} = 1\,\mathrm{k\Omega}$，$R_\mathrm{f} = 100\,\mathrm{k\Omega}$ である．オペアンプのゲイン（オープンループ・ゲイン）が $A = 10^2$，10^3，10^4 のときの回路ゲイン（クローズドループ・ゲイン）はそれぞれ何倍か．また，何 dB か．

1.4 回路の設計

1.4.1 抵抗値の選定

非反転アンプのゲイン式 (1.6) からも，反転アンプのゲイン式 (1.9) からも，オペアンプ回路では，クローズドループ・ゲインを定めるために任意に R_i と R_f を定められるように思われる．この考えは半分正しく，半分間違っている．

図 1.8 (a) から考えてみよう．オペアンプ回路の出力には，たいていは他の回路が接続される．接続される回路の入力インピーダンスは，このオペアンプにとっては負荷抵抗 R_L となる．そして，オペアンプの出力端子 OUT から見たときに，$(R_\mathrm{f} + R_\mathrm{i})$ も R_L と並列に接続されている（オペアンプの IN− 入力端子は無限大の入力インピーダ

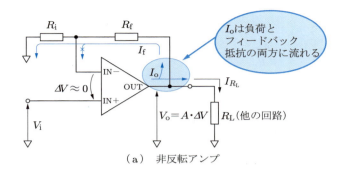

（a） 非反転アンプ

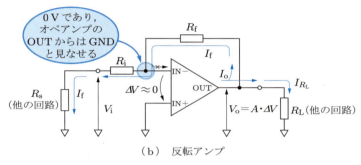

（b） 反転アンプ

図 1.8 オペアンプの出力から流れる電流

ンスとして無視できる）．このため出力電流 I_o は，R_L に流れる I_{R_L} とフィードバック・ネットワークに流れる I_f に分かれる．

　当然，R_L が小さくなっても，(R_f+R_i) が小さくなっても，I_o は大きくなる．ところで，オペアンプの最大出力電流は 10～20 mA である．仮にオペアンプの最大出力電流を 10 mA とすれば，10 V の最大出力電圧を得るためには，以下の条件を満たさなくてはならない．

$$R_L \parallel (R_f + R_i) \geqq 1\,\text{k}\Omega \tag{1.13}$$

　反転アンプ（図 1.8（b））の場合も同様である．反転アンプではヴァーチャル・グランドがはたらくために IN− 端子が GND 電位となる．したがって，オペアンプの出力 OUT からは R_f も接地されているように見える．R_f と R_L が並列に負荷となるため，条件式は以下となる．

$$R_L \parallel R_f \geqq 1\,\text{k}\Omega \tag{1.13'}$$

　式 (1.13) よりも式 (1.13′) のほうが条件が厳しいので，これより式 (1.13′) で考える．

次に，負荷抵抗 R_L を何 Ω と考えるかである．オペアンプ出力に他のオペアンプ回路が接続されると考えれば，入力インピーダンスは数 kΩ ～数十 kΩ はある．最も厳しい条件として，$R_L = 2\,\text{k}\Omega$ とすれば，条件式は以下となる．

$$R_f \geqq 2\,\text{k}\Omega \tag{1.14}$$

ところで，R_f はいくらでも大きくできるわけではない．普通に基板に実装した状態では，湿気や埃などの付着によって基板表面や部品表面に電流がリークする．このため数 MΩ 以上の抵抗は，その値を維持できなくなる．したがって，実際的な R_f の値として，以下とする．

$$2\,\text{k}\Omega \leqq R_f \leqq 1\,\text{M}\Omega \tag{1.15}$$

1.4.2　反転または非反転

次に回路方式について考える．反転アンプと非反転アンプには，出力信号の極性の他にも違いがある．

図 1.9 (a) の非反転アンプを考える．ここで，オペアンプの**入力インピーダンス Z_i** は理想状態として無限大とする．Z_i が ∞ とすれば，入力電流 I_i はオペアンプには流れ込まず，すべてが R_{in} に流れ込む．したがって，非反転アンプ回路の入力側から見たインピーダンス（入力インピーダンス）Z_{in} は，以下となる．

$$Z_{in} = \frac{V_i}{I_i} \approx R_{in} \tag{1.16}$$

図 1.9 (b) の反転アンプも，入力電流 I_i はオペアンプには流れ込まず，すべてが R_i から R_f へと流れる．ここで，IN－端子はヴァーチャル・グランドであり，GND 電位である．IN＋端子と GND 間の R_b に電流は流れないから電圧は生じない．このため，入力側からは図 1.9 (c) のように R_i が接地されているかのように見える．したがって反転アンプの入力インピーダンス Z_{in} は，以下となる．

$$Z_{in} \approx R_i \tag{1.17}$$

さて，式 (1.15) に示したように R_f には上限があるため，R_i もむやみと大きくはできない．このため，反転アンプで大きなゲインを得たいときには，入力インピーダンスを大きくできなくなる．これに対して非反転アンプでは式 (1.16) であり，R_{in} はゲインには関係せず，任意に設定できる．したがって，数十 kΩ 以上の高入力インピーダンスを必要とする場合，非反転アンプが有利となる．入力インピーダンスは，高け

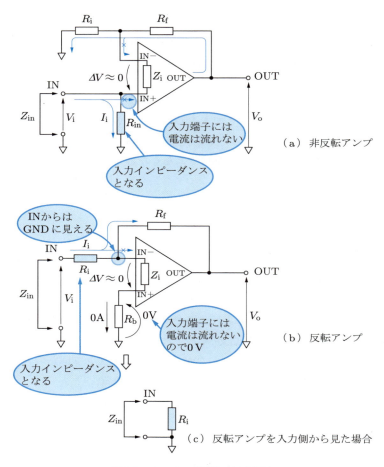

図1.9 オペアンプ回路の入力電流

れば高いほど接続されるセンサやアンプの出力電圧(回路動作)に影響を及ぼさなくなる.信号源に対する影響を小さくできる点では,入力インピーダンスは高いほうが有利である.

反面,入力インピーダンスが高ければ高いほど,外来雑音,商用電源から信号に回り込むノイズ(ハムノイズ)を拾いやすくなる.ノイズ防止の点では,不必要にR_{in}を高く設定すべきではない.

なお,R_bは入力インピーダンスには関係しないが,後述するオペアンプの入力バイアス[1]電流に関係する.出力に生じるオフセット電圧を最小にするために,以下の値とする.

$$R_\mathrm{b} \approx (R_\mathrm{i} \parallel R_\mathrm{f}) \tag{1.18}$$

回路ゲインが大きいときは，$R_\mathrm{b} = R_\mathrm{i}$ とすればよい．一方，反転アンプは入力端子の電位を GND 電位に保てるため，出力電圧のドリフト[2]を小さくできる点で有利である．

1.4.3　ゲインの調整

抵抗値には必ず誤差が含まれる．このため，正確なゲインを得るためには半固定抵抗を用いて抵抗値を調整する．**図 1.10** に接続方法を示す．半固定抵抗を用いるには，図 (a) に示す R_i 側と，図 (b) に示す R_f 側の 2 通りが考えられる．ゲイン調整するだけならまったく同じことであるが，一般的には図 (b) の回路が用いられる．これは半固定抵抗を調節したときの出力オフセット電圧の変化を小さくできるためである．しかし，図 (a) の回路でもとくに問題はない．

なお，**図 1.11** (a) に示す 2 端子の半固定抵抗器の回路図記号では，図 (b) のように固定端子の一方と可変端子を接続する．図 (c) のように固定端子と可変端子だけを用

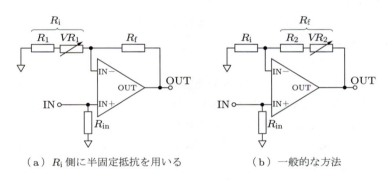

（a）R_i 側に半固定抵抗を用いる　　　（b）一般的な方法

図 1.10　ゲインの調整法

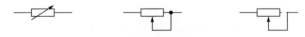

（a）回路図記号の表記　　（b）実際の接続　　（c）してはならない接続

図 1.11　半固定抵抗器の接続法

---

1) bias．回路動作のために必要な直流電圧または直流電流．オフセット (offset) は動作に不要な電圧や電流であるが，素子のばらつきなどのために生じる．これに対してバイアスは，回路を動かすために必要な電圧や電流である．
2) drift．温度や電源電圧の変化により，入力電圧が変化しないにもかかわらず，出力の電圧や電流が変動する現象．

いてはならない．可変抵抗器は，固定端子間に接続された抵抗体の表面を可動端子が動くことによって，固定端子と可動端子間の抵抗値を調整する．抵抗体には可動端子を押しつける構造となっているが，経年使用によって，この間が接触不良となることがある．このとき図 (c) の接続では抵抗値が∞となってしまう．図 (b) の接続であれば，固定端子の抵抗値より大きくなることはない．より安全な使用法である．

1.5 オペアンプ動作の考え方

オペアンプは，以下のように動作していると考える．
(1) 入力端子間の電位差 ΔV をオープンループ・ゲイン A 倍して出力する．
(2) （フィードバックが正しく動作しているとき）オープンループ・ゲイン A はたいへん大きいため，入力端子間の電位差 ΔV はゼロになる（ヴァーチャル・ショート）．
(3) 入力インピーダンスは非常に大きいため，入力端子に電流は流れない（**高入力インピーダンス**）．
(4) 出力インピーダンスは小さく，負荷によって出力端子電圧は影響されない（**低出力インピーダンス**）．

回路の動作は，以下の手順で求める．
(1) オペアンプは，入力端子間の電位差 ΔV が 0 になるように出力電圧を調整する（ΔV を求めることは出力電圧から逆算しない限り不可能であるため，オペアンプは，$\Delta V = 0$ とするように動作していると考える）．
(2) IN+端子の入力インピーダンスは高いので，IN+端子に電流の出入りはないとして，V_{IN+} を求める．
(3) V_{IN+} を求めてから，V_{IN-} を考える．ヴァーチャル・ショートが成り立つとき，$V_{IN+} = V_{IN-}$ となる．ただし，電位が同じになるだけであって，端子に電流は流れない．
(4) IN−端子と GND または回路の入力を結ぶフィードバック・ネットワーク素子の電流を求める．
(5) IN−端子と回路の出力を結ぶフィードバック素子電流から，出力 V_o を求める．オペアンプは出力インピーダンスが低いため，出力電圧を保つために出力電流を自在に調節できる．

例題 1.2

10 mV の信号を −1 V に増幅する反転アンプを設計せよ．ただし，回路の入力イン

ピーダンスを 1 kΩ とする．

解 図 1.7 の回路で，式 (1.9) より G を求める．

$$G = -\frac{R_f}{R_i} = \frac{-1\,\text{V}}{10\,\text{mV}} = -100$$

抵抗値は以下となる．

$R_f = 100\, R_i$

式 (1.17) より，R_i は入力インピーダンスそのものである．よって，以下となる．

$R_i = 1\,\text{k}\Omega$

このとき式 (1.18) より，$R_b \approx 990\,\Omega$ とする．

練習問題

1.5 入力抵抗 10 kΩ，ゲイン 20 dB の非反転アンプを設計せよ．

1.6 (1) 入力抵抗 600 Ω，ゲイン 26 dB の反転アンプを設計せよ．
(2) (1) で設計した回路で抵抗の誤差が最大 5% あるとすれば，ゲインの誤差は最大何% になるか．オペアンプのゲインは ∞ とする．

1.7 信号源の最大出力電圧 ± 0.1 V，最大電流供給能力が ± 5 μA である．この信号を −5 倍に増幅する回路を設計せよ．

1.8 図 1.7 の反転アンプで，$R_i = 2\,\text{k}\Omega$，$R_f = 50\,\text{k}\Omega$，$R_b = 1.5\,\text{k}\Omega$ である．
(1) この回路のゲイン
(2) ゲインのデシベル値
(3) 入力抵抗
(4) −10 mV 入力時の入力電流
(5) −10 mV 入力時の出力電圧
を求めよ．

1.9 図 1.5 の非反転アンプで，$R_i = 5\,\text{k}\Omega$，$R_f = 100\,\text{k}\Omega$，$R_{in} = 10\,\text{k}\Omega$ である．
(1) この回路のゲイン
(2) ゲインのデシベル値
(3) 入力抵抗
(4) −10 mV 入力時の入力電流
(5) −10 mV 入力時の出力電圧
を求めよ．

1.6 オペアンプの応用

1.6.1 加算回路

加算回路 (図 1.12) は，反転アンプ (図 1.7) の入力を複数に増やした回路である．図 1.12 で，反転入力端子 IN− は，ヴァーチャル・グランドであるため，グランド電

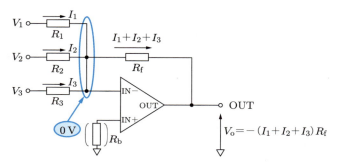

図 1.12 加算回路

位である.したがって,それぞれの抵抗に流れる電流は,以下となる.

$$I_1 = \frac{V_1}{R_1}, \quad I_2 = \frac{V_2}{R_2}, \quad I_3 = \frac{V_3}{R_3} \tag{1.19}$$

これらの電流 I_1, I_2, I_3 は,オペアンプの入力端子には流れ込まないで,すべてフィードバック抵抗 R_f を流れる.言い換えれば,出力電圧 V_o は,R_f を流れる電流が $(I_1+I_2+I_3)$ になるようにフィードバックされている.したがって,

$$V_o = -(I_1+I_2+I_3)R_f = -\left(\frac{V_1}{R_1}+\frac{V_2}{R_2}+\frac{V_3}{R_3}\right)R_f \tag{1.20}$$

となり,$R_1=R_2=R_3=R_f$ であれば入力電圧の和が出力電圧となる.

$$V_o = -(V_1+V_2+V_3) \tag{1.21}$$

なお,R_b は R_1, R_2, R_3, R_f の並列値とするが,値は小さくなるため用いなくてもよい.また,R_1, R_2, R_3 がそれぞれの入力インピーダンスとなる.

<u>加算回路では電圧を加算した出力を得るが,電圧を直接足し合わせているのではなく,電流に変換し,その電流を足し合わせた結果として合計電圧を得ている.</u>

例題 1.3

$V_o = -(2V_1+3V_2+5V_3)$ となる回路を設計せよ.ただし最小の入力インピーダンスを $2\,\text{k}\Omega$ とする.

解 式 (1.20) より,以下となる.

$$\frac{R_f}{R_1}:\frac{R_f}{R_2}:\frac{R_f}{R_3} = 2:3:5$$

第 1 章 オペアンプ

R_3 が最小となるから $R_3 = 2\,\mathrm{k\Omega}$．$R_f = 10\,\mathrm{k\Omega}$ となり，$R_1 = 5\,\mathrm{k\Omega}$，$R_2 = 3.33\,\mathrm{k\Omega}$．

練習問題

1.10 図 1.12 の加算回路で $R_1 = 10\,\mathrm{k\Omega}$，$R_2 = 20\,\mathrm{k\Omega}$，$R_3 = 30\,\mathrm{k\Omega}$，$R_f = 50\,\mathrm{k\Omega}$，$V_1 = 25\,\mathrm{mV}$，$V_2 = 20\,\mathrm{mV}$，$V_3 = -5\,\mathrm{mV}$ のときの出力電圧を求めよ．

1.11 あるセンサの出力電圧が $0.1 \sim 0.5\,\mathrm{V}$ である．アンプの出力電圧は，$0.1\,\mathrm{V}$ のときに $0\,\mathrm{V}$，$0.5\,\mathrm{V}$ のときに $2\,\mathrm{V}$ にしたい．オペアンプを 2 個用いて回路を設計せよ．ただし，センサの最大出力電流は $1\,\mathrm{mA}$ である．オペアンプ以外に電圧源などを用いてもよい．

1.6.2　差動アンプまたは減算回路

一般的には，電圧信号は 2 本の線で伝えられる．1 本が基準となるグランド線であり，もう 1 本が信号線である．信号電圧は，信号線とグランド線（0 V）との電位差である．これをシングルエンド信号（single-ended signal）という．

これに対しグランド線と他の 2 本の信号線を使う伝送方式がある．この場合の信号電圧はグランド線に対する電圧ではなく，2 本の信号線間の電圧である．これを**差動信号**（differential signal）とよぶ．図 1.13 の**差動アンプ**（differential amplifier）は，V_1 と V_2 の電位差を増幅する．

回路動作を考える．いま，IN＋入力端子の電位は，V_1 を R_1 および R_2 で分圧した値となる．

$$V_{\mathrm{IN+}} = \frac{R_2}{R_1 + R_2} V_1 \tag{1.22}$$

オペアンプのゲインを無限大とすると，IN－端子の電位はヴァーチャル・ショート

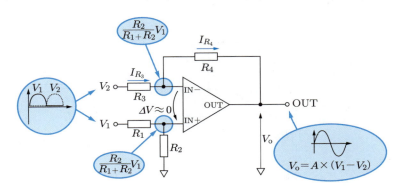

図 1.13　差動アンプまたは減算回路

1.6　オペアンプの応用

より IN＋端子の電位と等しくなるので，

$$I_{R_3} = \frac{V_2 - V_{\text{IN+}}}{R_3} \tag{1.23}$$

$$I_{R_4} = \frac{V_{\text{IN+}} - V_o}{R_4} \tag{1.24}$$

となる．IN－端子に電流の出入りはないので $I_{R3} = I_{R4}$ であり，以下となる．

$$\frac{V_2 - V_{\text{IN+}}}{R_3} = \frac{V_{\text{IN+}} - V_o}{R_4} \tag{1.25}$$

これに式(1.22)を代入して整理すると V_o が得られる．

$$V_o = \frac{R_2}{R_1 + R_2}\left(\frac{R_3 + R_4}{R_3}\right)V_1 - \frac{R_4}{R_3}V_2 \tag{1.26}$$

式(1.26)は複雑な形であるが，実際上は $R_2/R_1 = R_4/R_3$ として差動アンプとして使用する（図 1.14 (a)）．

$$V_o = \frac{R_2}{R_1}(V_1 - V_2) \tag{1.27}$$

差動電圧ゲイン（differential-mode gain）A_d は以下となる．

$$A_d = \frac{V_o}{V_1 - V_2} = \frac{R_2}{R_1} \tag{1.28}$$

なお，それぞれの R_1 と R_2 の抵抗値を正確に合わせなければ，ゲインに誤差が生じる．

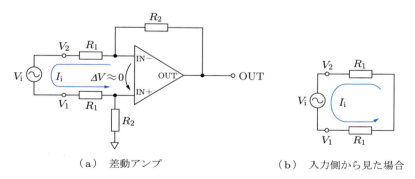

（a）差動アンプ　　　　　　　　（b）入力側から見た場合

図 1.14　差動アンプ

次に，図 1.14 (a) の回路で入力インピーダンスを考える．差動アンプに加えられる入力電圧は，V_1 と V_2 の差である．ここでヴァーチャル・ショートがはたらくため，オペアンプの入力端子の電位差 $\Delta V \approx 0$ である．IN＋と IN－の端子の電位が同じであるのだから，入力端子側から見れば，図 1.14 (b) のように二つの R_1 が直列に接続された状態と同じである．したがって，差動入力インピーダンス Z_in は以下となる．

$$Z_\mathrm{in} = 2R_1 \tag{1.29}$$

差動アンプでは，入力電圧は差動信号であるが，出力電圧はグランド電圧を基準とする．オペアンプの動作は，非反転アンプも，反転アンプも，差動アンプも，フィードバックによって $\Delta V = 0$ になるように出力電圧を決定している点で，まったく同じである．

 例題 1.4

$V_\mathrm{o} = 2(V_1 - V_2)$ となる差動入力インピーダンス $20\,\mathrm{k\Omega}$ の回路を設計せよ．

解 図 1.14 (a) の回路で式 (1.27) より以下となる．

$$\frac{R_2}{R_1} = 2.$$

$Z_\mathrm{in} = 20\,\mathrm{k\Omega}$ であるから，式 (1.29) より

$$R_1 = 10\,\mathrm{k\Omega}.$$

であり，$R_2 = 20\,\mathrm{k\Omega}$ となる．

 練習問題

1.12 図 1.14 (a) の回路で $R_1 = 20\,\mathrm{k\Omega}$，$R_2 = 100\,\mathrm{k\Omega}$ である．差動入力信号が $100\,\mathrm{mV}$ のとき，
（1）出力電圧　　（2）入力電流　　（3）入力インピーダンス（差動）
を求めよ．

1.6.3　ボルテージ・フォロワ

図 1.15 (a) にボルテージ・フォロワ (voltage follower, unity-gain follower) を示す．電子回路では，入力電圧と同じ出力電圧を得る回路をフォロワとよぶ．入力と同じ出力を得るだけでは使い道がなさそうにも思われるが，<u>ボルテージ・フォロワは高い入力インピーダンスと低い出力インピーダンスをもつ回路である</u>．信号源への影響をできるだけ小さくしたいときや，フィルタ回路など後段回路のインピーダンスによる影響を防ぎたい回路などに使用する．

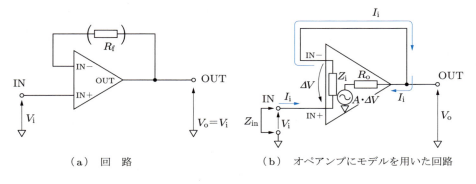

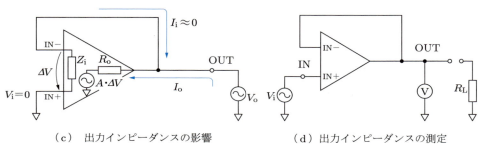

（a）回　路　　　　　　　　　（b）オペアンプにモデルを用いた回路

（c）出力インピーダンスの影響　　　（d）出力インピーダンスの測定

図 1.15　ボルテージ・フォロワ

　図 1.15（b）に示すようにオペアンプの内部は，入力インピーダンス Z_i と電圧制御電圧源 $A \cdot \Delta V$ と出力抵抗 R_o を用いてモデル化できる．ボルテージ・フォロワ回路の入力インピーダンス Z_{in} を計算するために，図（b）のように I_i を考える．出力電圧 V_o は，以下の式となる．

$$V_o = A \cdot \Delta V + I_i \cdot R_o \tag{1.30}$$

オペアンプの入力電圧 ΔV は，

$$\Delta V = V_i - V_o \tag{1.31}$$

であるから，式（1.30）に式（1.31）を代入して整理すれば，次式を得る．

$$V_o = \frac{AV_i + I_i R_o}{1 + A} \tag{1.32}$$

また，ボルテージ・フォロワ回路の入力電流 I_i は，

$$I_\mathrm{i} = \frac{\Delta V}{Z_\mathrm{i}} = \frac{V_\mathrm{i} - V_\mathrm{o}}{Z_\mathrm{i}} \tag{1.33}$$

である．式(1.32)を式(1.33)に代入して整理すると，

$$V_\mathrm{i} = \{(1+A)Z_\mathrm{i} + R_\mathrm{o}\}I_\mathrm{i} \tag{1.34}$$

となるから，式(1.34)よりボルテージ・フォロワ回路の入力インピーダンス Z_in が得られる．

$$Z_\mathrm{in} = \frac{V_\mathrm{i}}{I_\mathrm{i}} = (1+A)Z_\mathrm{i} + R_\mathrm{o} \tag{1.35}$$

$Z_\mathrm{i} \gg R_\mathrm{o}$, $A \gg 1$ であるから，以下となる．

$$Z_\mathrm{in} \approx A Z_\mathrm{i} \tag{1.36}$$

次に，図1.15(c)のように仮想的に出力に電圧源 V_o を接続し，$V_\mathrm{i}=0$ として回路の出力インピーダンス Z_o を求める．Z_o は負荷抵抗を接続しない限り求めることはできない．そのため図(c)のような仮想状態を想定する．V_o から流れ込む I_o は，Z_i を通る I_i と比べ $I_\mathrm{o} \gg I_\mathrm{i}$ であるから，$I_\mathrm{i}=0$ として考える．

$$I_\mathrm{o} \approx \frac{V_\mathrm{o} - A \cdot \Delta V}{R_\mathrm{o}} \approx \frac{V_\mathrm{o} + A \cdot V_\mathrm{o}}{R_\mathrm{o}} \tag{1.37}$$

これより回路の出力インピーダンス Z_o は，以下となる．

$$Z_\mathrm{o} = \frac{V_\mathrm{o}}{I_\mathrm{o}} = \frac{R_\mathrm{o}}{1+A} \approx \frac{R_\mathrm{o}}{A} \tag{1.38}$$

ボルテージ・フォロワの入力インピーダンスは，オペアンプの入力インピーダンス Z_i の A 倍となり，出力インピーダンスはオペアンプの出力抵抗 R_o の $1/A$ 倍となる．

実際に出力インピーダンス Z_o を測定するためには，図1.15(d)に示すように入力電圧 V_i を加え，無負荷状態の出力電圧 V_o と負荷抵抗 R_L を接続した状態の V_o' を測定する．

$$V_\mathrm{o}' = \frac{R_\mathrm{L}}{R_\mathrm{L} + Z_\mathrm{o}} V_\mathrm{o} \tag{1.39}$$

これより，以下の式で求める．

$$Z_\mathrm{o} = \frac{V_\mathrm{o} - V_\mathrm{o}'}{V_\mathrm{o}'} \cdot R_\mathrm{L} \tag{1.40}$$

なお，オペアンプによっては動作の安定のためにフィードバック抵抗 R_f を必要とすることがある（図 1.15 (a)）．R_f は，データ・シートに指定の値を使用する．

例題 1.5

$A = 2 \times 10^5$，$R_\mathrm{o} = 50\,\Omega$ のオペアンプをボルテージ・フォロワ回路に使用したときの出力インピーダンスを求めよ．

解 式 (1.38) より，以下となる．

$$Z_\mathrm{o} \approx \frac{50}{2 \times 10^5} = 2.50 \times 10^{-4}\,\Omega$$

練習問題

1.13 あるアンプの出力を無負荷で測定したところ 1.000 V であった．次に 100 Ω を負荷抵抗として接続して測定したところ出力電圧は 0.995 V となった．回路の出力インピーダンスを求めよ．

1.6.4 インスツルメンテーション・アンプ

図 1.16 (a) にインスツルメンテーション・アンプ[1]を示す．微小信号測定などに用いられる高入力インピーダンスと差動ゲインを得られる回路である．IC_1，IC_2 の二つの非反転アンプと，IC_3 の差動アンプを組み合わせた構成である．

動作を図 1.16 (b) に示す．いま，IC_1 と IC_2 はそれぞれヴァーチャル・ショートが成り立っているとすれば，反転入力端子 IN− の電圧もそれぞれ V_1 と V_2 となる．このとき R_1 に流れる I_1 は，

$$I_1 = \frac{V_1 - V_2}{R_1} \tag{1.41}$$

である．この I_1 は，IC_1 から出力されて IC_1 側の R_2 から供給され，IC_2 側の R_2 へと流れる．それぞれの R_2 には $I_1 R_2$ の電圧が必要であるから，

---

[1] instrumentation amplifier. 計装アンプともよばれる．

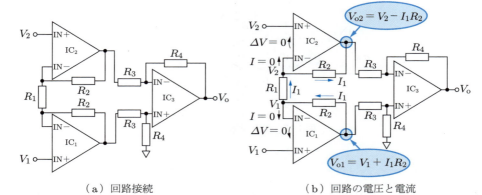

（a）回路接続　　　　　　　　（b）回路の電圧と電流

図 1.16　インスツルメンテーション・アンプ

$$V_{o1} = V_1 + I_1 R_2 = \left(1 + \frac{R_2}{R_1}\right)V_1 - \frac{R_2}{R_1}V_2 \tag{1.42}$$

$$V_{o2} = V_2 - I_1 R_2 = \left(1 + \frac{R_2}{R_1}\right)V_2 - \frac{R_2}{R_1}V_1 \tag{1.43}$$

となる．差動アンプのゲイン式 (1.27) に代入すれば，出力電圧 V_o は以下となる．

$$V_o = \frac{R_4}{R_3}\left(1 + \frac{2R_2}{R_1}\right)(V_1 - V_2) \tag{1.44}$$

インスツルメンテーション・アンプの入力は，非反転アンプの IN＋に直接入力される．このため，オペアンプのもつ高い入力インピーダンスを利用できる差動アンプとなる．

練習問題

1.14 $V_o = 30(V_1 - V_2)$ となるインスツルメンテーション・アンプを設計せよ．

1.6.5　電流－電圧コンバータ

図 1.17 に電流-電圧コンバータ（I/V converter）を示す．**D/A コンバータ**[1]や光センサ（フォト・ダイオード）など，信号を電圧ではなく電流として出力する素子がある．それらの出力電流を電圧に変換する回路が **I/V コンバータ**である．図 1.17 の回路で

[1) ディジタル信号をアナログ信号に変換する素子．DAC と略される．

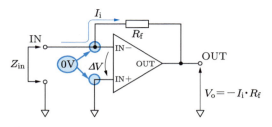

図 1.17　電流-電圧コンバータ

出力電圧は，

$$V_o = A \cdot \Delta V = -A \cdot V_{IN-} = -A(V_o + I_i R_f) \tag{1.45}$$

となる．これより次式を得る．

$$V_o = -\frac{A}{1+A} I_i R_f \approx -I_i R_f \tag{1.46}$$

式(1.46)から明らかなように，出力電圧は入力電流に比例する．また，I/V コンバータ回路の入力インピーダンス Z_{in} は，

$$Z_{in} = \frac{-\Delta V}{I_i} = \frac{V_o + I_i R_f}{I_i} = \frac{R_f}{(1+A)} \approx 0 \tag{1.47}$$

である．I/V コンバータでは，反転入力端子 IN− はフィードバックのはたらきによってヴァーチャル・グランドとなり 0 V に維持される．入力電流 I_i が流れても 0 V に保たれることからも，入力インピーダンス ≈ 0 Ω とわかる．

練習問題

1.15 最大出力 ±1 mA の D/A コンバータ出力に I/V コンバータを用いて ±2 V の電圧信号を得たい．回路を示せ．

1.6.6　オフセット調整回路

入力電圧 = 0 V であっても，実際には出力電圧に 0 V からの誤差であるオフセット電圧が生じる．オフセット調整端子を備えたオペアンプであれば，データ・シート記載の調整回路を外付けすればよいが，一つのパッケージに 2 個のオペアンプが入ったデュアル・タイプや，一つのパッケージに 4 個のオペアンプが入ったクアッド・タイプなどはオフセット調整端子をもたない．これらのオペアンプでは，入力端子に電圧

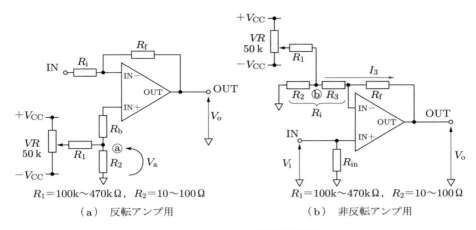

図1.18 オフセット電圧調整回路

や電流を加えてオフセットを調整する.

図1.18(a)に反転アンプ用,図1.18(b)に非反転アンプ用のオフセット調整回路を示す.

図1.18(a)では,非反転入力端子IN+に,オフセット調整電圧を加えている.半固定抵抗VRによってR_1に調整用電圧を印加すると,R_1とR_2で分圧された電圧がIN+端子に加えられる.ここでR_bはIN+の入力インピーダンスが大きいので,調整電圧にほとんど影響しない.R_2はなるべく小さな値としたほうがIN−端子への影響を小さくできる.ⓐ点での入力オフセット電圧としての可変電圧範囲V_aは,

$$V_a = \pm V_{CC} \frac{R_2}{R_1 + R_2} \tag{1.48}$$

である.ここで,V_aは非反転アンプの入力電圧に相当する.したがって,ⓐ点の電圧は,非反転アンプのゲイン倍となって出力に現れる.出力オフセット電圧としての可変範囲V_oは,以下となる.

$$V_o = \left(1 + \frac{R_f}{R_i}\right) V_a = \pm V_{CC} \left(\frac{R_2}{R_1 + R_2}\right)\left(1 + \frac{R_f}{R_i}\right) \tag{1.49}$$

図1.18(b)は反転入力端子側にオフセット調整電流を流し込む方法である.ここで,IN−端子はヴァーチャル・ショートがはたらくため,入力信号と同じ電圧にスイングする.IN−に直接電流を流し込むのでは,入力電圧V_iによって調整電流が変化し,入出力の直線性が悪化する.そこでR_1とR_2で分圧回路を構成し,調整電流の変化を

小さく保つ．図 1.18 (b) の回路での⑤点電位 V_b の可変電圧範囲は，入力電圧 $V_i = 0\,\mathrm{V}$ であればヴァーチャル・ショートによって $V_{\mathrm{IN}-}$ も $0\,\mathrm{V}$ であるから，以下となる．

$$V_b = \pm V_{\mathrm{CC}} \left(\frac{R_2 \parallel R_3}{R_1 + (R_2 \parallel R_3)} \right) \tag{1.50}$$

このとき，R_3 の電流 I_3 は，

$$I_3 = \frac{V_b}{R_3} \tag{1.51}$$

であり，I_3 は R_f に流れるから，

$$V_o = -I_3 R_f \tag{1.52}$$

となる．式 (1.50)，(1.51) を式 (1.52) に代入して電圧可変範囲 V_o を得る．

$$V_o = \pm V_{\mathrm{CC}} \frac{R_2 R_f}{R_1 R_2 + R_2 R_3 + R_3 R_1} \tag{1.53}$$

反転アンプのゲインは，$R_i = R_2 + R_3$ であるから，以下となる．

$$G = -\frac{R_f}{R_2 + R_3} \tag{1.54}$$

この場合も R_2 はなるべく小さな値とする．

オフセット電圧は動作温度によって変化するため，調整には 1 時間以上通電して回路全体が温まってから，また，ケースに内蔵する場合にはケースの蓋を閉めた状態で通電して，使用状態での温度に保って調整する．

例題 1.6

図 1.18 (a) のオフセット調整回路を使用して，出力電圧を調整できる範囲を求めよ．ただし，$\pm V_{\mathrm{CC}} = \pm 15\,\mathrm{V}$，$R_i = 10\,\mathrm{k\Omega}$，$R_f = 100\,\mathrm{k\Omega}$，$R_1 = 220\,\mathrm{k\Omega}$，$R_2 = 100\,\mathrm{\Omega}$，$R_b = 9.1\,\mathrm{k\Omega}$ とする．

解 式 (1.49) よりオフセット電圧の調整範囲を求める．

$$V_o = \pm 15 \times \left(\frac{100}{220\,\mathrm{k}+100} \right) \left(1 + \frac{100\,\mathrm{k}}{10\,\mathrm{k}} \right) \approx \pm 75.0\,\mathrm{mV}$$

練習問題

1.16 図 1.18 (b) のオフセット調整回路を使用して出力電圧を調整できる範囲を求めよ．た

だし，$\pm V_{CC} = \pm 15$ V，$R_f = 100$ kΩ，$R_1 = 220$ kΩ，$R_2 = 100$ Ω，$R_3 = 10$ kΩ とする．

1.7 フィルタ

目的とする信号のもつ周波数帯域だけを通し，それ以外の帯域をカットする回路がフィルタである．たとえば部屋の明るさを調べたければ，明るさの変化はゆっくりとしている．このような場合には，低い周波数だけを透過させる**ローパス・フィルタ**[1]を使用すれば，速い変化をともなうノイズを減らすことができる（図1.19）．あるいは，同じ光の強さでも，リモコン送信機の赤外線の強さを計るのであれば，赤外線が変調されている帯域だけを透過させればよい．このような場合には**バンドパス・フィルタ**[2]を使用する．さらに高い周波数を必要とするときには，**ハイパス・フィルタ**[3]を使用する．

理想的には，信号に必要な帯域だけは通過させ，不必要な帯域はカットさせるように通過域と減衰域をはっきりと分けたいのだが，現実には難しい（図1.20）．そこをどう設計するかが，設計者の腕の見せどころとなる．

1.7.1 ボーデ線図

フィルタに限らず回路特性を表すためには**ボーデ線図**（Bode plot）が便利である．ボーデ線図は1945年にH.W. Bodeが発表したグラフ表示方法である．イメージとし

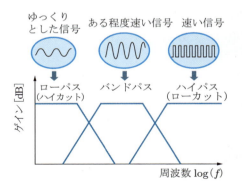

図1.19 フィルタによる信号のふるい分け

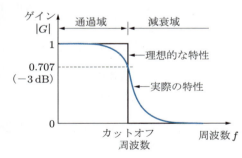

図1.20 ローパス・フィルタの特性

---

1) low-pass filter, LPF．低い周波数成分を透過させる意味でlow-pass，高い周波数成分を除去する意味でhigh-cutと使い分けることもあるが，ほぼ同義と考えてよい．
2) band-pass filter, BPF．
3) high-pass filter, HPF．low-cut filterともよばれる．

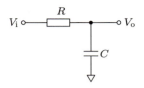

図 1.21　RC ローパス・フィルタ

てアンプの特性を把握できる便利さから，今日でも広く用いられている．ボーデ線図は横軸に周波数の対数を，縦軸にゲイン (dB) と位相 (°) を表す．

まずは，図 1.21 の RC フィルタを考えてみよう．このフィルタの伝達関数は，

$$G = \frac{V_o}{V_i} = \frac{\frac{1}{j\omega C}}{R + \frac{1}{j\omega C}} = \frac{1}{1 + j\omega CR} \tag{1.55}$$

である．

式 (1.55) から明らかなように，低い周波数においては ω が小さくなるから，分母の虚数項 ωCR が小さくなり，G は 1/1 に近づく．つまり出力信号は，入力信号とほとんど同じになる．一方，高い周波数では ω が大きくなり，$G = -j/\omega CR$ に近づく．ω が 2 倍になれば $|G|$ は 1/2 になり，ω が 10 倍になれば $|G|$ は 1/10 になるように，周波数が高くなれば高くなるほど $|G|$，すなわち信号の振幅は小さくなる．これより，式 (1.55) は低い周波数成分のみを通過させるローパス・フィルタであることがわかる．また，ω が大きいとき G はマイナスの虚数項のみである．これは出力信号の位相が $-90°$ となることを表す．

式 (1.55) の分母と分子に $(1 - j\omega CR)$ をかけて，分子を実数部と虚数部に分ければ，

$$G = \frac{1 - j\omega CR}{1 + (\omega CR)^2} \tag{1.56}$$

となる．式 (1.56) において実数部と虚数部の大きさが等しくなる $\omega CR = 1$ のとき，周波数は，

$$f_c = \frac{1}{2\pi CR} \tag{1.57}$$

である．この f_c を **カットオフ周波数** (cut-off frequency) とよぶ．

式 (1.55) は，$\omega = 2\pi f$，$s = j\omega$，時定数 $\tau = CR$，カットオフ角周波数 $\omega_c = 1/CR$，ある

いはカットオフ周波数 f_c を用いて，

$$G = \frac{1}{1+j\omega CR} = \frac{1}{1+j2\pi fCR} = \frac{1}{1+sCR}$$

$$= \frac{1}{1+s\tau} = \frac{1}{1+j\dfrac{\omega}{\omega_c}} = \frac{1}{1+j\dfrac{f}{f_c}} \quad (1.58)$$

のように多様に表すことがある．もちろん式 (1.58) の各項は，いずれも同じ意味である．本書では原則として $j\omega$ を使うが，フィルタ特性の計算では最右側のカットオフ周波数 f_c を用いた式が使いやすい．

ボーデ線図では，伝達関数 G をゲインと位相に分けて表示する．伝達関数の実数部を Re，虚数部を Im とすれば，次式と表せる．

$$G = \text{Re} + j\text{Im} = |G|\angle\theta = \sqrt{(\text{Re})^2 + (\text{Im})^2} \angle \tan^{-1}\left(\frac{\text{Im}}{\text{Re}}\right) \quad (1.59)$$

式 (1.59) より，振幅は

$$|G| = \sqrt{\frac{(1)^2 + (\omega CR)^2}{\left(1+(\omega CR)^2\right)^2}} = \frac{1}{\sqrt{1+(\omega CR)^2}} = \frac{1}{\sqrt{1+\left(\dfrac{\omega}{\omega_c}\right)^2}} = \frac{1}{\sqrt{1+\left(\dfrac{f}{f_c}\right)^2}} \quad (1.60)$$

であり，位相は以下となる．

$$\theta = \tan^{-1}(-\omega CR) = \tan^{-1}\left(-\frac{\omega}{\omega_c}\right) = \tan^{-1}\left(-\frac{f}{f_c}\right) \quad (1.61)$$

周波数 $f =$ カットオフ周波数 f_c のとき，振幅は式 (1.60) より，

$$|G| = \frac{1}{\sqrt{2}} \approx 0.707 \approx -3 \text{ dB} \quad (1.62)$$

である．また，位相は式 (1.61) より，

$$\theta = -45° \quad (1.63)$$

となる．つまり，カットオフ周波数 f_c において，振幅は $1/\sqrt{2}$ となり，位相は 45° 遅れる．カットオフ周波数は，信号の**通過域** (pass band) と**減衰域** (stop band) の境目となる周波数である．

図 1.22 はカットオフ周波数 $f_c = 1$ Hz，すなわち $\omega_c = 2\pi$ rad/s としたときのボーデ

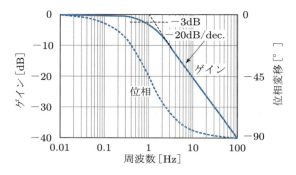

図1.22 RCローパス・フィルタの周波数特性

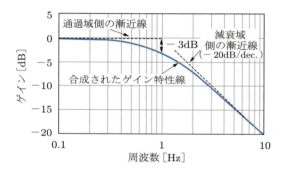

図1.23 カットオフ周波数付近のゲイン特性

線図である．f_c でのゲインは $-3\,\mathrm{dB}$，位相は $-45°$ である．カットオフ周波数が変われば，図1.22のグラフの形はそのままに，x 軸の中心が f_c になる．たとえば $f_c = 1\,\mathrm{kHz}$ では，グラフの x 軸は 10，100，1 K，10 K，100 kHz となる．そして，振幅と位相のカーブはそのままである．

図1.22のカットオフ周波数付近を拡大したものを**図1.23**に示す．カットオフ周波数では x 軸に平行な通過域側の漸近線（抵抗成分）と右下がりの傾斜をもつ減衰域側の漸近線（リアクタンス成分）が交差する．減衰域側では，周波数が2倍になればゲインは 1/2 になる $-6\,\mathrm{dB/octave}$[1] の傾きである．別のいい方をすれば，周波数が10倍になればゲインは 1/10 となる $-20\,\mathrm{dB/decade}$ の傾きである．

実際の特性線は二つの漸近線が合成されたカーブとなる．カーブはカットオフ周波

---

1) オクターブ：「1オクターブ上の音階」のように音楽用語のオクターブと同じである．音階が1オクターブ上がると人の耳には同じ音階として，ドなら高くなったド，レなら高くなったレと聞こえるが，このとき，周波数はそれぞれ2倍となっている．反対に音階が1オクターブ下がっても，ミなら低くなったミと同じ音階に聞こえるが，このときは周波数が1/2になっている．

数 f_c では漸近線の交点から 3 dB 下がり，$2f_c$，$1/2f_c$ ではそれぞれの漸近線から 1 dB 下がり，$5f_c$ 以上あるいは $1/5f_c$ 以下では，ほぼ漸近線と重なる．

例題 1.7

図 1.21 のローパス・フィルタで，カットオフ周波数 f_c の 1/10 および 10 倍の周波数でのゲインの大きさおよび位相変移を求めよ．

解 式 (1.60)，(1.61) より $1/10 f_c$ では，以下となる．

$$G = 0.995 \angle -5.7°$$

$10 f_c$ では，以下となる．

$$G = 0.0995 \angle -84.3°$$

練習問題

1.17 図 1.21 の回路で，カットオフ周波数 3 kHz，最小の入力インピーダンスが 10 kΩ となるよう素子の定数を設計せよ．

1.7.2　1 次ローパス・フィルタ

図 1.24 (a) に非反転アンプ構成での 1 次ローパス・フィルタ[1]を示す．伝達関数は，

$$G = \frac{V_o}{V_i} = \frac{1}{1 + j\omega C_1 R_1}\left(1 + \frac{R_2}{R_3}\right) \tag{1.64}$$

となる．カットオフ周波数 f_c は，

$$f_c = \frac{1}{2\pi C_1 R_1} \tag{1.65}$$

である．f_c を用いて式 (1.64) を書き替えると以下のようになる．

$$G = \frac{1}{1 + j\dfrac{f}{f_c}}\left(1 + \frac{R_2}{R_3}\right) \tag{1.66}$$

周波数特性を図 1.24 (b) に示す．ゲイン特性は，図 1.22 の RC ローパス・フィルタのカーブを G_{DC} ($= 1 + R_2/R_3$) だけ上に移動させたものとなる．カットオフ周波数 f_c 以

---

[1] フィルタの次数は，伝達関数の分母に ω の何乗まであるかを表す．平たくいえば $j\omega$ をもつ素子 (L, C) がいくつ使われているかである．1 次フィルタではインダクタまたはキャパシタが 1 個であり，伝達関数の分母には 1 次の ω だけが現れる．

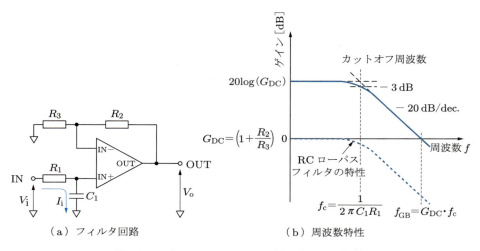

図 1.24 1次ローパス・フィルタ（非反転アンプ構成）

上では，ゲインは−20 dB/dec. スロープを描いて減少する．したがって，f_cの直流ゲインG_{DC}倍の周波数f_{GB}にてゲインは0 dBとなる．f_{GB}を**ユニティゲイン周波数**（unity-gain frequency, unity-gain bandwidth）とよぶ．なお，位相特性のカーブは，図1.22と変わらない．

図1.24（a）の非反転アンプ構成は，回路図からも，また，式（1.64）の伝達関数からも明らかなように，受動素子R_1とC_1による**パッシブ・フィルタ**[1]の出力に$(1+R_2/R_3)$倍の非反転アンプが接続された構成である．ここでオペアンプは，RCフィルタにとっては高インピーダンスの負荷であり，オペアンプ以降に接続される回路によってRCフィルタの特性を変化させないようにはたらく．

図1.25（a）に反転アンプ構成の回路を示す．この回路では，フィードバック・ループにC_1が含まれている．このようにフィードバック・ネットワークにリアクタンス（CやL）素子が使われるフィルタを**アクティブ・フィルタ**（active filter）とよぶ．

いま，オペアンプのオープンループ・ゲインが無限大として，反転入力IN−端子はヴァーチャル・グランドがはたらき0 Vとすれば，入力電流I_iは以下となる．

$$I_i = \frac{V_i}{R_1} = \frac{-V_o}{Z_f} \tag{1.67}$$

ここでフィードバック・ループ素子のインピーダンスZ_fは次式である．

---

[1] passive filter. 受動素子（R，C，L）のみで構成されるフィルタ．

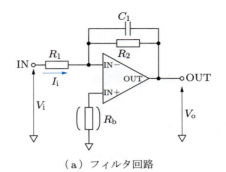

(a) フィルタ回路

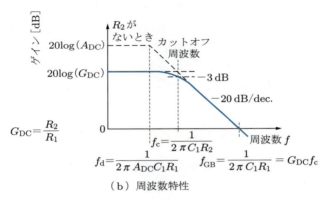

(b) 周波数特性

図 1.25　1次ローパス・フィルタ（反転アンプ構成）

$$Z_\mathrm{f} = \left(R_2 \parallel \frac{1}{j\omega C_1} \right) = \frac{R_2}{1+j\omega C_1 R_2} \tag{1.68}$$

式 (1.68) を式 (1.67) に代入整理すると以下の伝達関数が得られる．

$$G = \frac{V_\mathrm{o}}{V_\mathrm{i}} = -\frac{Z_\mathrm{f}}{R_1} = -\frac{R_2}{R_1}\frac{1}{1+j\omega C_1 R_2} \tag{1.69}$$

周波数特性を図 1.25(b) に示す．カットオフ周波数は，以下となる．

$$f_\mathrm{c} = \frac{1}{2\pi C_1 R_2} \tag{1.70}$$

また，ゲインが1倍となるユニティゲイン周波数 f_GB は，f_c に回路の直流ゲイン G_DC をかけた値となる．

1.7　フィルタ

$$f_{\mathrm{GB}} = G_{\mathrm{DC}} \cdot f_{\mathrm{c}} = \frac{1}{2\pi C_1 R_1} \tag{1.71}$$

式 (1.71) より，f_{c} は以下のように表すことができる．

$$f_{\mathrm{c}} = \frac{f_{\mathrm{GB}}}{G_{\mathrm{DC}}} = \frac{1}{2\pi G_{\mathrm{DC}} C_1 R_1} \tag{1.72}$$

式 (1.72) からは，C_1 がクローズドループ・ゲイン G_{DC} 倍に大きくなったと考えることもできる．このように反転アンプのフィードバック・ループにあるキャパシタンスが，等価的にクローズドループ・ゲイン倍の大きさになることを**ミラー効果** (Miller effect) とよぶ．ミラー効果は第 3 章で説明する．

また，式 (1.72) からは，R_2 を用いないときのカットオフ周波数 f_{d} を求めることもできる．オペアンプの直流オープンループ・ゲインを A_{DC} とすると，以下となる．

$$f_{\mathrm{d}} = f_{\mathrm{GB}} \cdot \frac{1}{A_{\mathrm{DC}}} = \frac{1}{2\pi A_{\mathrm{DC}} C_1 R_1} \tag{1.73}$$

ローパス・フィルタとしては，前後の回路の影響を受けにくいことと，キャパシタは容量が大きくなると高価になるため C_1 を小さな値にできることから，図 1.24 (b) のアクティブ・フィルタが有利である．ただし，オペアンプのオープンループ・ゲイン A が減少する高周波領域ではフィルタの遮断量が十分に得られなくなる．カットオフ周波数が 2〜300 kHz を超える場合には，図 1.24 (a) のパッシブ・フィルタが有利となる．

例題 1.8

直流ゲイン 0 dB，$f_{\mathrm{c}} = 1\,\mathrm{kHz}$ の 1 次ローパス・フィルタを設計せよ．ただし非反転アンプとして，$C_1 = 47\,\mathrm{nF}$ とする．

解 式 (1.65) より，

$$R_1 = \frac{1}{2\pi \cdot f_{\mathrm{c}} \cdot C_1} = \frac{1}{2 \times 3.14 \times 1000 \times 47 \times 10^{-9}} \approx 3.39\,\mathrm{k\Omega}$$

となる．なお，ゲインは 0 dB なので非反転アンプはボルテージ・フォロワ接続となる．図 1.24 (a) の回路で R_3 を使わない．R_2 はショートまたはオペアンプ指定の値を用いる．

練習問題

1.18 直流ゲイン 5 倍，カットオフ周波数 1 kHz の 1 次ローパス・フィルタを設計せよ．た

だし，入力インピーダンス $\geqq 1\,\mathrm{k\Omega}$ とする．

1.19 直流ゲイン 26 dB，ユニティゲイン周波数 1 kHz となるローパス・フィルタを設計せよ．ただし，反転アンプ構成として入力インピーダンス $\geqq 2\,\mathrm{k\Omega}$ とする．

1.7.3　1次ハイパス・フィルタ

信号に含まれる不要な直流成分を取り除きたい場合や，信号の周波数帯域が電源周波数（50 Hz，60 Hz）よりも高いときに電源からの誘導ノイズ（ハムノイズ）を除去する場合など，ハイパス・フィルタが有効である．

図 1.26 に1次ハイパス・フィルタを示す．(a) は非反転アンプであり，(b) は反転アンプである．伝達関数はそれぞれ以下となる．

$$G = \left(1+\frac{R_2}{R_3}\right)\frac{1}{1+\dfrac{1}{j\omega C_1 R_1}} \tag{1.74}$$

$$G = \left(-\frac{R_2}{R_1}\right)\frac{1}{1+\dfrac{1}{j\omega C_1 R_1}} \tag{1.75}$$

カットオフ周波数はどちらの回路も同じである．

$$f_c = \frac{1}{2\pi C_1 R_1} \tag{1.76}$$

図 1.27 に非反転アンプ構成のハイパス・フィルタの周波数特性を示す．ハイパス・フィルタのゲイン特性は，ローパス・フィルタと左右対称のカーブとなる．カットオフ周波数でゲインが −3 dB となることも同じである．位相特性は，カットオフ周波数で 45° 進み，さらに周波数が低くなれば進み量は 90° に近づく．位相特性はローパス・

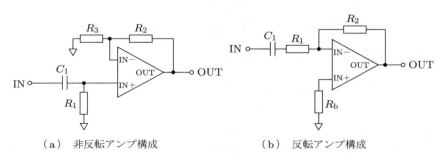

（a）　非反転アンプ構成　　　　　　（b）　反転アンプ構成

図 1.26　1次ハイパス・フィルタ

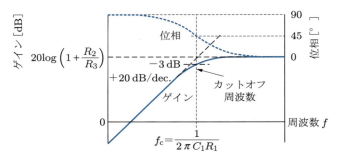

図 1.27　1 次ハイパス・フィルタの周波数特性（非反転アンプ）

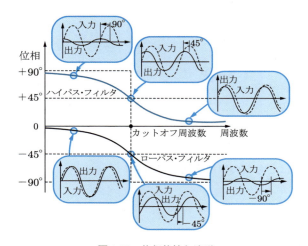

図 1.28　位相特性と波形

フィルタの特性に 90°を加えた（上に移動させた）カーブである．

　フィルタ入出力波形を**図 1.28** にまとめる．<u>ハイパス・フィルタでは，出力信号は常に入力信号の左側に，つまり位相が進んで観測される．一方，ローパス・フィルタでは出力信号は常に右側に，つまり位相が遅れて見える</u>．

1.7.4　高次フィルタ

　1 次フィルタでは，急峻な遮断特性を得ることができない．カットオフ周波数の 10 倍で $-20\,\mathrm{dB}$（= 1/10），100 倍で $-40\,\mathrm{dB}$（= 1/100）の減衰量では，必要な信号と除去したいノイズの周波数帯域が近い場合には不十分である．

　フィルタの次数を倍にすれば，倍の遮断特性が得られる（**図 1.29**）．2 次フィルタでは減衰域のスロープは $-40\,\mathrm{dB/dec.}$ となる．さらに次数を増やせば，3 次では

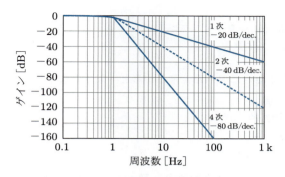

図 1.29　フィルタ次数と遮断特性

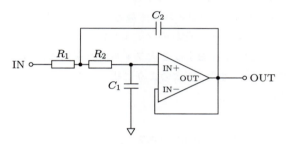

図 1.30　サーレン・キー型 2 次ローパス・フィルタ

$-60\,\mathrm{dB/dec.}$，4 次では $-80\,\mathrm{dB/dec.}$ と次数に比例してスロープは急峻になる．

2 次フィルタの例として，図 1.30 にサーレン・キー型 (Sallen-Key)・ローパス・フィルタを示す．伝達関数は，

$$G = \cfrac{1}{1 + a_1\left(j\dfrac{\omega}{\omega_\mathrm{C}}\right) + b_1\left(j\dfrac{\omega}{\omega_\mathrm{C}}\right)^2} \tag{1.77}$$

$$a_1 = 2\pi f_\mathrm{c} \cdot C_1(R_1 + R_2) \tag{1.78}$$

$$b_1 = (2\pi f_\mathrm{c})^2 R_1 R_2 C_1 C_2 \tag{1.79}$$

より，

$$C_1 = \cfrac{a_1}{2\pi f_\mathrm{c}(R_1 + R_2)} \tag{1.80}$$

$$C_2 = \frac{b_1}{a_1} \frac{(R_1 + R_2)}{2\pi f_c R_1 R_2} \tag{1.81}$$

となる．簡単にするために $R_1 = R_2 = R$ とすると，以下となる．

$$C_1 = \frac{a_1}{4\pi f_c R} \tag{1.82}$$

$$C_2 = \frac{b_1}{a_1} \frac{1}{\pi f_c R} \tag{1.83}$$

回路は係数 a_1, b_1 を選ぶことにより，種々のフィルタ特性を実現できる．代表的なフィルタ特性には，ゲイン特性が最も平坦となる**バタワース・フィルタ**，最も急峻な遮断特性を得る**チェビシェフ・フィルタ**，最も平坦な位相特性を得る**ベッセル・フィルタ**などがある．**表** 1.1 に，それぞれのフィルタ係数を示す．

3次以上のフィルタは，1次および2次フィルタを縦列接続して実現する．たとえば5次フィルタでは1次＋2次＋2次のように組み合わせる．縦列接続すれば，伝達関数は個々の特性のかけ算となる．

表 1.1　2次フィルタ係数

フィルタ（2次）	a_1	b_1
バタワース	1.4142	1.0000
チェビシェフ（3 dB リプル）	1.0650	1.9305
ベッセル	1.3617	0.6180

例題 1.9

カットオフ周波数 1 kHz，2次のバタワース・ローパス・フィルタを設計せよ．ただし $R = R_1 = R_2 = 10$ kΩ とする．

解　図 1.30 の回路で，式 (1.82)，(1.83) より以下となる．

$$C_1 = \frac{a_1}{4\pi f_c R} = \frac{1.4142}{4 \times 3.1415 \times 1k \times 10k} \approx 11.3 \text{ nF}$$

$$C_2 = \frac{b_1}{a_1} \frac{1}{\pi f_c R} = \frac{1}{1.4142} \frac{1}{3.1415 \times 1k \times 10k} \approx 22.5 \text{ nF}$$

練習問題

1.20 カットオフ周波数 1 kHz，2次のチェビシェフ・ローパス・フィルタを設計せよ．ただし，$R = R_1 = R_2 = 10$ kΩ とする．

1.7.5 受動素子の選定

フィルタ回路に使用する R, C 素子の誤差はフィルタ特性に影響する．一般に入手できる C は±5%精度の品である．1 nF～1 μF のフィルム・キャパシタ (film capacitor) を用いるように回路を設計する．セラミック・キャパシタ (ceramic capacitor) は，±5%品もあるが，パスコン用では誤差が大きい．ケミコン (electrolytic capacitor) は，値の誤差が大きく漏れ電流が大きいためフィルタ回路には適さない．抵抗は±1%の精度が得られる金属被膜抵抗 (metal film resistor) がよい．

パスコンには体積当りの容量の大きなセラミック・キャパシタまたはケミコンがよい．パスコンは，容量値の誤差が大きくても問題ない．

抵抗やキャパシタは表 1.2 に示すように E6，E12，E24 などの系列値で製造されている．10 倍の範囲に E6 系列であれば 6 値，E12 系列であれば E6 にさらに 6 値を加えた 12 値，E24 系列は E12 にさらに 12 の値を加えた 24 値となっている．

表 1.2　E6, E12, E24 系列の値

E6	1.0				1.5				2.2				3.3				4.7				6.8			
E12	1.0		1.2		1.5		1.8		2.2		2.7		3.3		3.9		4.7		5.6		6.8		8.2	
E24	1.0	1.1	1.2	1.3	1.5	1.6	1.8	2.0	2.2	2.4	2.7	3.0	3.3	3.6	3.9	4.3	4.7	5.1	5.6	6.2	6.8	7.5	8.2	9.1

これらの系列値は等間隔には並んでいない．しかし，対数的には等間隔である．たとえば E6，E12 系列の対数値は，表 1.3 に示すようにそれぞれ約 0.17，0.08 間隔で並んでいる．

表 1.3　E6, E12 系列の対数値

E6	0		0.176		0.342		0.519		0.672		0.833	
E12	0	0.079	0.176	0.255	0.342	0.431	0.519	0.591	0.672	0.748	0.833	0.914

このように C, R の値は対数的に決められている．これは，あらゆる値に対して，E6 系列では 20%，E12 系列では 10%，E24 系列では 5%，さらに，E96 系列では 1% の精度で部品を得るためである．たとえば，6.0 kΩ を得たいとすれば，E6 系列では 13.3% の誤差で 6.8 kΩ を，E12 系列では 6.7% の誤差で 5.6 kΩ を，E24 系列では 3.3% の誤差で 6.2 kΩ を得ることができる．

抵抗に電流を流せば，$P[\mathrm{W}] = V[\mathrm{V}] \times I[\mathrm{A}]$ の熱が発生する．この熱を適切に逃さなければ抵抗器は過熱し，その状態が続けば焼損する．抵抗器には 1/8 W，1/4 W

などの定格電力が定められている．定格電力は周囲温度70℃での消費可能な電力値である．ただし，プリント基板上には抵抗のほかにも発熱部品があり，隣接した抵抗器が発熱するときなど，周囲温度は予想外に高くなる．目安として，抵抗器は定格電力の半分以下で使用する．

また，キャパシタには50 V，200 Vなどの定格電圧が定められている．電極の間に印加できる最大電圧である．フィルムやセラミックのキャパシタは50 V以上あるため，オペアンプ回路ではとくに注意しなくてよい．ケミコンは，印加電圧のピークが，定格の80～90%以下となるように用いる．

例題 1.10

428 nFのキャパシタが必要である．E12系列から選ぶと何Fが最も近い値となるか．

解 表1.2より，すぐ上の値と下の値を比べて誤差を求める．

$$\frac{470-428}{428} = 9.81\%$$

$$\frac{390-428}{428} = -8.88\%$$

これより，390 nFが最も近い値とわかる．

練習問題

1.21 図1.7の反転アンプで，入力インピーダンス25 kΩ，回路ゲイン−20倍としたい．できるだけゲインが正確になるように R_i と R_f の抵抗値をE24系列より選べ．また，そのときのゲインをデシベルで示せ．ただし，入力インピーダンスの誤差は10%以内とする．

1.8 オペアンプの性能

前節までで述べてきたことが，オペアンプを使うための基礎である．しかし，実際に回路を設計し，製作するためには，オフセットやドリフトなどの誤差要因や周波数特性などの性能限界を考えなければならない．この節では，オペアンプの性能を表すパラメータについて学んでみよう．

1.8.1 オペアンプの種類

オペアンプには，バイポーラ[1]・トランジスタで構成されるバイポーラ・タイプ，

---

[1] 第3章で後述するように，トランジスタではn形とp形の2種類の半導体中を電流が流れるためbipolar（二極性）トランジスタともよばれる．

表 1.4　オペアンプの種類

型	構造	特徴
バイポーラ	バイポーラ・トランジスタで構成	入力バイアス電流が大きい，CMRR が大きい
JFET 入力	入力段に JFET を使用	入力インピーダンスが大きい，入力バイアス電流は極小
CMOS	すべて MOS トランジスタで構成	入力インピーダンスが大きい，低消費電力，単一電源

入力部に接合型 FET（JFET）を使用した FET 入力タイプがある．また，単一電源で使用する CMOS オペアンプもあるが本書では割愛する．表 1.4 にオペアンプの種類をまとめる．

1.8.2　絶対最大定格と電気的特性

表 1.5 にバイポーラ・オペアンプ RC4558[1] と JFET 入力オペアンプ TL072 の絶対最大定格を示す．オペアンプに限らず他の素子でも，それ以上の電圧を加えると，あるいは電流を流すと，壊れる限界がある．この絶対に超えてはならない値が**絶対最大定格**（absolute maximum ratings）である．

たとえば電源電圧の絶対最大定格は ±18 V であるが，1 μs の間でも，0.1 V でも，この数字を超えるとオペアンプが破損してもメーカーに文句はいえない．メーカーは，この条件以下なら素子の性能を保証するが，この条件以上では素子の破損もあり得るとする限界である．絶対最大定格を一瞬でも超えないように使用することはユーザーの責任である．絶対最大定格は，通常の使用時だけでなく，電源をオン・オフした直後の過渡的状態で超えることもあるので注意する．最悪の条件下でも，絶対最大定格の 80 〜 90％以下での使用となるよう設計する．

図 1.31 に**差動入力電圧** V_d および**同相入力電圧** V_{cm} を示す．オペアンプの入力電圧 V_{IN+} と V_{IN-} より，V_d と V_{cm} は以下となる．

---

[1] オペアンプの型番は，RC4558 のようにアルファベット＋ナンバーとなっている．アルファベットはメーカーが独自につけるシリーズ名であり，これで製造メーカーがわかる（AD：Analog Devices Inc.，NJM：新日本無線など）．ナンバーはオペアンプの形式を表す．同様の性能をもったオペアンプを他社が開発した場合にも，同等に使えることを示すために同じナンバーがつけられる．これを 2 番目の供給元の意味でセカンド・ソースとよぶ．たとえば 4558 であれば，RC4558 も NJM4558 も NE4558（Phillips）も同等に使用することができる．なお，RC4558 は開発した Raytheon 社のオリジナル名称であるが，Texas Instruments 社，Fairchild 社は同じ名称 RC4558 で製造している．

表1.5　オペアンプの絶対最大定格（$T_a = 25℃$）[1]（TI社データ・シート (1) (2) より）

項目 PARAMETER		RC4558	TL072	単位 UNIT
V_{CC}	電源電圧 Supply voltage	± 18	± 18	V
V_{ID}	差動入力電圧 Differential input voltage	± 30	± 30	V
V_I	同相入力電圧[*] Input voltage	± 15	± 15	V
P_D	最大消費電力 Internal power dissipation	500	500	mW
T_{STG}	保存温度 Storage temperature range	− 65 〜 150	− 65 〜 150	℃

＊）電源電圧が ± 15 V 以下の場合は，電源電圧と等しい．

$$V_d = V_{IN+} - V_{IN-} \tag{1.84}$$

$$V_{cm} = \frac{1}{2}(V_{IN+} + V_{IN-}) \tag{1.85}$$

たとえば V_{IN+} に正弦波が入力され，$V_{IN-} = 0$ V であれば差動入力電圧 $V_d = V_{IN+}$，同相入力電圧 $V_{cm} = 1/2\, V_{IN+}$ となる（図1.31(a)）．また，$V_{IN+} = -V_{IN-}$ であれば $V_d = 2\, V_{IN+}$，$V_{cm} = 0$ となる（図1.31(b)）．

表1.5 に示される差動入力電圧の数値は大きいように見えるが，それぞれの入力端子電圧は同相入力電圧（± 電源電圧）以下でなければならない．また，オペアンプはヴァーチャル・ショートになるように，つまり差動入力電圧が 0 V となるように動作するが，電源オン直後などオペアンプ動作が安定するより前に電圧入力がある場合や，コンパレータとして使用する場合などは注意を要する．

同相入力電圧は，二つの入力端子に同時に入力される電圧である．反転アンプの場合にはヴァーチャル・グランドが成立していれば同相入力電圧 0 V となる．非反転アンプの場合には，入力電圧＝同相入力電圧となる．

表1.6 に電気的特性を示す．電気的特性は，それぞれのオペアンプの標準的特性値や，設計時に考慮が必要な最小または最大値を示した表である．たいていのパラメータには，標準値と，最小値か最大値のいずれかしか示されていない．これは，空欄の値は設計に必要としないから，つまり，示されている値がワーストケースとなるため

---

1) T_a は air，周囲の気温を表す．このほかに T_c は Case，ケース温を強制的にその温度に保つときを表す．

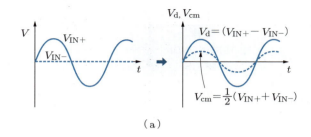

(a)

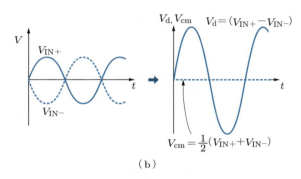

(b)

図 1.31　差動入力電圧と同相入力電圧

に検討を要するからである．メーカーは IC をすべて検査して最大，最小値の範囲に入るものだけを出荷する．量産設計では，素子のばらつきを考慮して，最悪値の部品を使用しても性能を維持できるよう設計する．試作であれば，標準値で考えてよい．

それでは，以下の各節でそれぞれの電気的特性を見ていこう．

1.8.3　入力オフセット電圧

オペアンプは一つの IC であるが，その内部は 20 〜 40 個のトランジスタで構成された電子回路である．オペアンプの入力部は，二つの同じ特性のトランジスタによって構成されるが，IC 製造上のばらつきがあるため特性は完全に同じにはならない．このため入力電圧 $\Delta V = 0$ であっても，わずかの出力電圧が発生する．これが入力オフセット電圧である．

図 1.32 に示すように入力オフセット電圧 V_{IO} は，出力端子電圧を 0 V にするために，非反転入力端子に必要な入力電圧として定義される[1]．入力オフセット電圧は出力オ

1）　入力オフセット電圧の極性は，プラスの場合もマイナスの場合もある．

表 1.6　オペアンプの電気的特性（± V_{CC} = 15 V，T_a = 25℃）（TI 社データ・シート (1) (2) より）

項目 PARAMETER		条件 TEST CONDITIONS	RC4558 最小	RC4558 標準	RC4558 最大	TL072 最小	TL072 標準	TL072 最大	単位 UNIT
V_{IO}	入力オフセット電圧 Input offset voltage	$V_o = 0$		0.5	6		3	10	mV
I_{IO}	入力オフセット電流 Input offset current	$V_o = 0$		5	200		0.005	0.1	nA
I_{IB}	入力バイアス電流 Input bias current	$V_o = 0$		150	500		0.065	0.2	nA
V_{ICR}	同相入力電圧範囲 Common-mode input voltage range			± 12	± 14		± 11	− 12 〜 + 15	V
A_{VD}	電圧利得 Large-signal differential voltage amplification	$V_o = ± 10$ V $R_L > 2$ kΩ	20	300		25	200		V/mV
GB	利得帯域幅積 Unity-gain bandwidth			3			3		MHz
V_{OM}	最大出力電圧 Maximum output voltage swing	$R_L = 10$ kΩ	± 12	± 14		± 12	± 13.5		V
		$R_L > 2$ kΩ	± 10			± 10			
SR	スルー・レート Slew rate at unity gain	$V_I = 10$ V, $R_L = 2$ kΩ, $C_L = 100$ pF	1.1	1.7		5	13		V/μs
Z_i	入力抵抗 Input resistance		0.3 M	5 M			10^{12}		Ω
CMRR	同相信号除去比 Common-mode rejection ratio		70	90		70	100		dB
K_{SVR}	電源電圧除去比 Supply-voltage rejection ratio ($\Delta V_{CC} \pm /\Delta V_{IO}$)	$V_{CC} = ± 9$ V 〜 ± 12 V	75	90		70	100		dB
I_{CC}	消費電流 Supply current	$V_o = 0$		2.5	5.6		2.8	5.0	mA
V_n	入力換算雑音電圧 Equivalent input noise voltage	$f = 1$ kHz		8			18		nV/$\sqrt{Hz}$

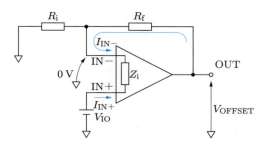

図 1.32 オペアンプの入力にある誤差要因

フセット電圧 V_{OFFSET} として現れるが，入力側の原因電圧をゲイン倍した値となって現れるために入力オフセット電圧とよばれる．標準的なオペアンプでは 1 ～ 5 mV 程度である．

図 1.32 に示すように入力オフセット電圧は，非反転入力端子 IN＋に加わる電圧としてはたらく．このため出力電圧には，非反転アンプのゲイン倍となって V_{OFFSET} が現れる．

$$V_{\text{OFFSET}} = \left(1 + \frac{R_f}{R_i}\right) V_{\text{IO}} \tag{1.86}$$

式 (1.86) からわかるように，入力オフセット電圧は，クローズドループ・ゲインを大きくするとそれだけ大きく現れる．たとえば 1 mV の V_{IO} は，100 倍のゲインでは 100 mV にもなって現れる．これは反転アンプであっても非反転アンプであっても同じである．

とくにハイ・ゲインを必要とする場合には，入力オフセット電圧の小さなオペアンプを選定する．V_{IO} は，バイポーラ型が JFET 入力型に比して小さい．また，入力オフセット電圧は温度によっても数十 μV/℃ 程度変化する．高精度を必要とする場合には，オペアンプの温度が変化しないように実装する．

例題 1.11

RC4558 を 10 倍の非反転アンプに使用したとき，出力には最大で何 V の入力オフセット電圧が現れるか．

解 表 1.6 および式 (1.86) より求める．

$$V_{\text{OFFSET}} = \left(1 + \frac{R_f}{R_i}\right) V_{\text{IO}} = 10 \times 6 = 60 \text{ mV}$$

1.8 オペアンプの性能

> 📝 **練習問題**

1.22 TL072 を用いて 20 倍の反転アンプを作った．ワーストケースで何 V の入力オフセット電圧が出力に現れると考えられるか．

1.23 オペアンプを用いて 100 倍の非反転アンプを作ったところ，出力に −100 mV のオフセット電圧が現れた．補正回路を設計せよ．電源電圧は ±15 V とする．

1.8.4　入力バイアス電流・入力オフセット電流

　入力端子には電流が流れないことが理想であるが，実際には図 1.32 に示したように入力端子にもわずかな電流が流れる．入力バイアス電流 (input bias current) はオペアンプの動作に必要な電流である．二つの入力端子電流の平均[1]として，式 (1.87) で定義される．

$$I_{\mathrm{IB}} = \frac{(I_{\mathrm{IN-}} + I_{\mathrm{IN+}})}{2} \tag{1.87}$$

入力オフセット電流 (input offset current) は，IC の入力トランジスタのわずかな違いによって生じる電流の差である．

$$I_{\mathrm{IO}} = |I_{\mathrm{IN-}} - I_{\mathrm{IN+}}| \tag{1.88}$$

たいていのオペアンプでは，入力オフセット電流は入力バイアス電流に比べて数分の 1 ～数十分の 1 と小さい．

　図 1.32 で $V_{\mathrm{IN-}}$ は V_{IO} を無視すれば 0 V であるから，$I_{\mathrm{IN-}}$ はすべて R_{f} を通る．このため，出力オフセット電圧 V_{OFFSET} となる．

$$V_{\mathrm{OFFSET}} = R_{\mathrm{f}} I_{\mathrm{IN-}} \tag{1.89}$$

式 (1.86) と式 (1.89) の誤差要因を合わせると，以下となる．

$$V_{\mathrm{OFFSET}} = \left(1 + \frac{R_{\mathrm{f}}}{R_{\mathrm{i}}}\right) V_{\mathrm{IO}} + R_{\mathrm{f}} I_{\mathrm{IN-}} \tag{1.90}$$

式 (1.90) から明らかなように，同じゲインであっても R_{f} を大きくすると入力電流の影響が大きくなる．

　3.4.1 で述べるように JFET のゲート・リーク電流はバイポーラ・トランジスタのベー

---

[1] 入力バイアス電流は，バイポーラ pnp と Nch-FET 入力タイプが入力端子から流れ出し，npn と Pch-FET が入力端子に流れ込む．多くのデータ・シートでは，流れる向きを正として示されている．

ス電流に比べて3桁以上小さいため，JFET入力の入力電流はバイポーラに比べて2〜3桁小さくなる．微小電流信号の増幅にはバイポーラより JFET 入力が有利である．また，入力オフセット電流も，温度によって数十 μA/℃ 程度変化する．設計に際しては注意する．

例題 1.12

RC4558 の $I_{\text{IN}-}$ および $I_{\text{IN}+}$ を求めよ．パラメータは標準値を用いる．

解 式 (1.87) および (1.88) より以下となる．

$$I_{\text{IB}} \pm \frac{1}{2} I_{\text{IO}} = 150 \pm \frac{1}{2} \times 5 = 152.5 \text{ nA} \text{ または } 147.5 \text{ nA}$$

どちらの端子の電流が大きくなるかはわからない．

例題 1.13

RC4558 を用いて −10 倍のアンプを作りたい．出力オフセット電圧を 10 mV 以下に保って，入力インピーダンスを最大にする抵抗値を求めよ．なお，オペアンプのパラメータは標準値を用いる．

解 式 (1.90) より，$I_{\text{IN}-}$ は例題 1.12 の大きいほうの値を用いて，

$$10 \text{ mV} \geq (1 + 10) 0.5 \text{ mV} + R_\text{f} \, 152.5 \text{ nA}$$

となるから，$R_\text{f} \leq 29.5 \text{ k}\Omega$ であり，以下となる．

$$R_\text{f} = 29.5 \text{ k}\Omega, \qquad R_\text{i} = 2.95 \text{ k}\Omega$$

練習問題

1.24 RC4558 を用いて $R_\text{i} = 1 \text{ k}\Omega$，$R_\text{f} = 20 \text{ k}\Omega$ の反転アンプを作った．ワーストケースで何 V のオフセット電圧が出力に現れるか．

1.8.5 同相入力電圧範囲

オペアンプには，正しく動作できる入力電圧範囲がある．これが同相入力電圧範囲である．同相入力電圧範囲を超えると信号がクリップしたり，ひずみが生じたりする．反転アンプの場合にはヴァーチャル・グランドのはたらきにより二つの入力端子の電位は 0 V に保たれる．しかし，非反転アンプや差動アンプの場合には，入力端子電位は変化するため，同相入力電圧範囲を超えないように設計する．

1.8.6 電圧利得

電圧利得 A_{VD} は，直流でのオープンループ・ゲインである．単位 V/mV は，10^3 倍

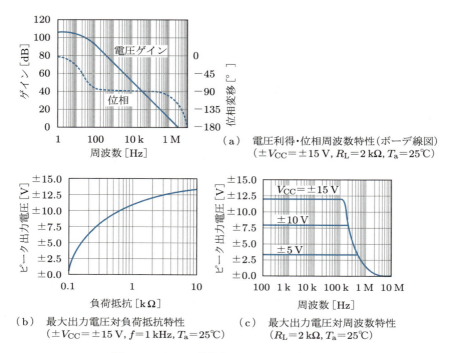

図 1.33　TL072 の特性（データ・シート（2）より）

の電圧を意味する．多くのオペアンプでは 10 万〜100 万倍である．図 1.33（a）に示すように汎用オペアンプでは，オープンループ・ゲインは数〜数十 Hz の間にカットオフをもち，それ以上の周波数帯域では -20 dB/dec. の割合で減少する（ように設計されている）．

練習問題
1.25 オペアンプのオープンループ・ゲインが 1000 V/mV のとき，ゲインをデシベルで表せ．

1.8.7　利得帯域幅積

unity-gain bandwidth を邦訳すれば「ゲインが 1 になる帯域幅」である．帯域幅は増幅できる上限の周波数である．ところで図 1.33（a）に示されるように，オペアンプのオープンループ・ゲインは，カットオフ周波数より上では -20 dB/dec. で減少する．これは，帯域幅が 10 倍になると得られるゲイン（利得）が 1/10 になることを意味する．つまり，減衰域では<u>利得帯域幅積（GB 積）(gain-bandwidth product)</u>が周波数にかかわらず一定になる．ゲインが 1 倍のときに 3 MHz まで増幅できるオペアンプは，ゲ

イン 10 倍では 300 kHz まで，ゲイン 100 倍では 30 kHz まで増幅できる．GB 積は，オペアンプがどのくらいの周波数帯域まで使えるかの目安となる．多くのオペアンプでは数 MHz 〜数十 MHz であるが，GHz に達するものもある．

 練習問題

1.26 TL072 を ±15 V の電源電圧，負荷抵抗 $R_L = 2\,\text{k}\Omega$ で使用するとき，30 dB のゲインを得られる上限の周波数はいくらか．

1.8.8 最大出力電圧

最大出力電圧（ピーク出力電圧）V_{OM} は，クリッピングすることなく得られる最大出力電圧である．低い周波数帯域では $\pm(V_{CC} - 2.0)\,\text{V}$ 程度である．最大出力電圧はオペアンプの負荷抵抗（図 1.33 (b)），電源電圧と周波数（図 1.33 (c)）によっても変化する．とくに電源電圧に近い振幅を得たい場合には注意が必要である．

 練習問題

1.27 TL072 を ±15 V の電源電圧，負荷抵抗 $R_L = 2\,\text{k}\Omega$ で使用する場合，
 (1) 周波数 1 kHz での最大出力電圧
 (2) 周波数 200 kHz での最大出力電圧
 はいくらか．
1.28 TL072 を ±15 V の電源電圧で使用する場合，負荷抵抗 600 Ω にて得られる 1 kHz 信号の最大出力電圧の実効値はいくらか．
1.29 TL072 を負荷抵抗 2 kΩ で使用する場合，電源電圧 ±5 V，±10 V，±15 V での 1 kHz 信号の最大出力電圧はそれぞれ何 $V_{\text{p-p}}$ か．

1.8.9 スルー・レート

スルー・レート SR はステップ入力に対する出力電圧の変化率（dV/dt）の上限であり，V/μs の単位で示される（**図 1.34**）．

$$\text{SR} = \frac{dV}{dt} \tag{1.91}$$

周波数が高くなると，出力電圧の振幅が同じでも変化率が大きくなるため，スルー・レートが最大出力電圧を制限する主因となる．大きな振幅を得たい場合には注意が必要である．

いま $V = A \sin(\omega t)$ の電圧信号がある．この信号の最大変化率 $(dV/dt) = A\omega$ であるから，SR に制限されることなく増幅できる最大周波数 f_{PB} は，以下となる．

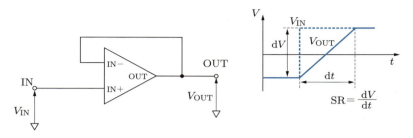

図 1.34　スルー・レート

$$f_{\text{PB}} = \frac{\text{SR}}{2\pi A} \tag{1.92}$$

例題 1.14

SR＝1 V/μs のオペアンプがある．周波数特性は理想的とすれば，最大出力電圧 20 $V_{\text{p-p}}$ を得られる上限の周波数はいくらか．

解 振幅 $A = 10$ V，スルー・レート SR $= 10^6$ V/s であるから，式(1.92)より以下となる．

$$f_{\text{PB}} = \frac{\text{SR}}{2\pi A} = \frac{10^6}{2 \times 3.14 \times 10} \approx 15.9 \text{ kHz}$$

練習問題

1.30 図 1.34 のボルテージ・フォロワに SR＝10 V/μs のオペアンプを使用した．いま，この回路に 10 V のステップ電圧が入力されたときの出力電圧を図示せよ．

1.8.10　入力インピーダンス

オペアンプの入力回路は等価的に，図 1.35 のように IN＋と IN－の間に入力抵抗 R_i と入力キャパシタンス C_i が接続されていると考えることができる．入力インピー

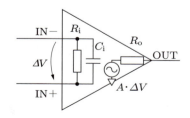

図 1.35　オペアンプの入出力等価回路

ダンス Z_i は RC 並列回路であるから，次式で表される．

$$Z_i = R_i \parallel \frac{1}{j\omega C_i} \tag{1.93}$$

ここで R_i は $10^6 \sim 10^{12}\,\Omega$ 程度，C_i は数 pF 程度である．

オペアンプの入力インピーダンスは，極端に信号源インピーダンスが高い場合には回路動作に影響することもあるが，通常は無限大と考えて計算に入れなくてよい．また，100 kHz 以下では，キャパシタンス成分を無視して抵抗と考えてよい．

練習問題

1.31 図 1.35 の等価回路で $R_i = 1\,\mathrm{M}\Omega$，$C_i = 10\,\mathrm{pF}$ としたとき，$f = 1\,\mathrm{kHz}$ での入力インピーダンスを求めよ．

1.8.11 出力インピーダンス

オペアンプの出力には，IC の保護のため抵抗が直列に用いられる．図 1.35 の等価回路では，電圧制御電圧源 $A \cdot \Delta V$ に直列に入る R_o としてモデル化されている．この R_o が出力インピーダンスであり，$50 \sim 200\,\Omega$ 程度である．第 2 章で示すが，フィードバックのはたらきによって実質的な出力インピーダンスは $1\,\Omega$ 以下となるため，計算上は 0 と考えてよい．

1.8.12 CMRR

伝送の途中で信号に入るノイズは，2 本の線のインピーダンスが同じなら，2 本の線に同じ電圧として現れる（同相ノイズ）．オペアンプには，同相ノイズの中から差動信号成分だけを増幅してほしい（**図 1.36**）．しかし，現実には同相成分も出力に現れる．差動成分だけをどれだけ選択的に増幅できるかを表すパラメータが同相信号除去比 CMRR（common-mode rejection ratio）である．CMRR が大きければ大きいほど，同相電圧を増幅しないで差動電圧のみを増幅する理想に近いオペアンプとなる．

図 1.37 に示すように差動入力電圧 V_d は，二つの入力電圧の差である．

$$V_d = V_1 - V_2 \tag{1.94}$$

同相入力電圧 V_{cm} は，V_1 と V_2 に等しく加えられる電圧である．

$$V_{cm} = \frac{V_1 + V_2}{2} \tag{1.95}$$

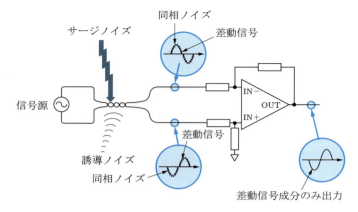

図 1.36　同相ノイズ成分の除去

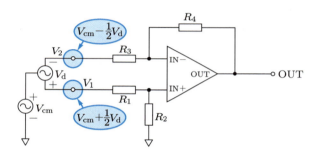

図 1.37　差動入力電圧と同相入力電圧

それぞれの端子入力を同相成分と差動成分に分けると，以下となる．

$$V_1 = V_{cm} + \frac{1}{2}V_d \tag{1.96}$$

$$V_2 = V_{cm} - \frac{1}{2}V_d \tag{1.97}$$

差動電圧ゲインを A_d，同相電圧ゲインを A_{cm} とすると，出力電圧 V_o は次式となる．

$$V_o = A_d V_d + A_{cm} V_{cm} \tag{1.98}$$

CMRR は差動電圧ゲインと同相電圧ゲインの比である．

$$\mathrm{CMRR} = \left| \frac{A_d}{A_{cm}} \right| \tag{1.99}$$

式 (1.98) を式 (1.99) を用いて表せば，以下となる．

$$V_\text{o} = A_\text{d}\left(V_\text{d} + \frac{1}{\text{CMRR}}V_\text{cm}\right) \tag{1.100}$$

CMRR は周波数が高くなると小さくなるため，高周波ノイズは出力に現れやすくなる．また，オペアンプの CMRR が優れていても，差動アンプに使用する抵抗の精度が悪ければ，回路の CMRR は悪化するので注意が必要である．

例題 1.15

図 1.37 の差動アンプに用いた抵抗値に $R_2/R_1 = 10$，$R_4/R_3 = 10.5$ の誤差がある場合の CMRR を求めよ．オペアンプの CMRR $= \infty$ とする．

解 式 (1.26) の V_1，V_2 に式 (1.96)，(1.97) を代入して整理すれば，以下となる．

$$V_\text{o} = \frac{1}{2}\frac{R_2 R_3 + 2R_2 R_4 + R_1 R_4}{(R_1 + R_2)R_3}V_\text{d} + \frac{R_2 R_3 - R_1 R_4}{(R_1 + R_2)R_3}V_\text{cm}$$

式 (1.99) より，CMRR を計算する．

$$\text{CMRR} = \left|\frac{1}{2}\frac{R_2 R_3 + 2R_2 R_4 + R_1 R_4}{R_2 R_3 - R_1 R_4}\right| = \left|\frac{1}{2}\frac{10 + 2\cdot 10\cdot 10.5 + 10.5}{10 - 10.5}\right| \approx 47.3\,\text{dB}$$

オペアンプの CMRR が ∞ であったとしても，抵抗値の誤差により，CMRR は 47.3 dB しか得られない．

1.8.13 電源電圧除去比

電源電圧除去比 K_SVR は，電源電圧の変動による出力電圧変動をどれだけ圧縮できるかを表す．PSRR (power supply rejection ratio) ともよばれる．

$$K_\text{SVR} = \left|\frac{\Delta V_\text{CC}}{\Delta V_\text{IO}}\right| \tag{1.101}$$

式 (1.101) に示されるように，電源電圧変化が入力オフセット電圧変化に及ぼす影響の圧縮割合である．数値が大きいほど，電源電圧変化の影響を受けにくくなる．たとえば，電源電圧に $1\,V_\text{p-p}$ のリプルが含まれたとき，100 dB の K_SVR をもつオペアンプの入力オフセット電圧には $10\,\mu V_\text{p-p}$ の変化しか現れない．ただし，CMRR と同じく，周波数が高くなればなるほど K_SVR も小さくなるため，スイッチング電源などの高周波ノイズは，オペアンプの出力にも現れる．

1.8.14 消費電流

無負荷時の電源電流である．デュアルやクアッド・タイプでは，内部のオペアンプ1回路あたりで表示しているメーカーと，1個のICとして表示しているメーカーがある．

1.8.15 入力換算雑音電圧

すべての増幅素子は，ノイズを発生する．出力されるノイズは，増幅回路のゲインによって増減する．そこでノイズの大きさを，入力信号として加えられた値として表す．これが入力換算雑音電圧 V_n である．ノイズは電圧値ではなく，雑音密度（nV/$\sqrt{\text{Hz}}$）で示される．これは 1 Hz バンド幅あたりのノイズ電圧である．ただし，オペアンプに限らず増幅素子の雑音は，100〜1 kHz 以下では増加する（1/f ノイズ）．

RC4558 の 1 kHz における標準値 $V_n = 8$ nV/$\sqrt{\text{Hz}}$ が，仮に人間の可聴帯域．20〜20 kHz においてフラットとすれば，入力換算雑音は，$8\,\text{nV} \times \sqrt{(20000-20)} \approx 1.13\,\mu\text{V}$ となる．100 倍のクローズドループ・ゲインの回路に使用すれば，出力に含まれる雑音は $1.13\,\mu\text{V} \times 100 = 113\,\mu\text{V}$ となる．

1.8.16 全高調波ひずみ

音楽信号を扱う場合などは，入出力特性の非直線性に起因する高調波ひずみを少なく抑えることが必要となる．オペアンプの非直線性を表すパラメータが全高調波ひずみ率（total harmonic distortion + noise, THD + N）である．

アンプに非直線性があると，純正弦波の入力信号（基本波）に，2倍，3倍，4倍，…の高調波が付加される（図 1.38）．全出力電圧から基本波をフィルタによって除いた成分を THD + N として表す．

$$\text{THD} + \text{N} = \frac{\Sigma(\text{高調波成分} + \text{ノイズ})\text{電圧}}{\text{全出力電圧}} \times 100\% \tag{1.102}$$

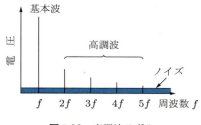

図 1.38 高調波ひずみ

1.9 単電源オペアンプ回路

1.9.1 単電源動作

前節までは，プラスとマイナスの電源（両電源）を必要とするオペアンプについて説明してきた．ところがオペアンプには+5Vや+12Vのようなプラスの電源のみ（単電源）で動作できる品種もある．単電源で動作できれば電源構成も簡単になり，電池駆動や，マイコン回路と同時に使用するにも都合がよい．

さて，両電源では，プラスとマイナスの電源の中点電位がグランドであった．入力もグランド電位に対する電圧信号である．非反転アンプではフィードバック・ネットワークの基準電位がグランドであり（図 1.39 (a)），反転アンプではフィードバックの基準となる IN+ の電位がグランドである（図 1.39 (b)）．このためオペアンプの出力電圧も，グランドを基準とした電位となる．もちろん，入力信号の極性はプラスとマイナスのどちらでも動作できる．

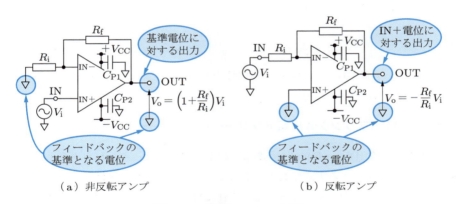

（a）非反転アンプ　　　　　（b）反転アンプ

図 1.39　両電源オペアンプ回路

ところが単電源では，グランドは動作範囲の中心ではない．オペアンプの出力は，グランドとプラスの電源電圧の範囲内となる．図 1.40 (a) は非反転入力端子 IN+ を GND に接続した反転アンプであるが，出力電圧をマイナスにできないため，入力電圧がプラスのとき出力は 0 V となってしまう（図 1.40 (b)）．IN+ にバイアス電圧 V_{REF} を接続して動作させる方法（図 1.41）もあるが，信号の 0 V が変わってしまうため，利用機会は多くないであろう．

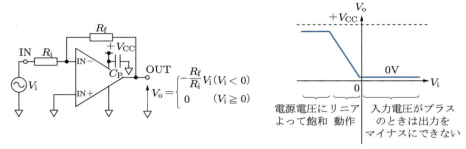

（a）回路接続　　　　　　　　（b）回路の入出力特性

図 1.40　DC カプリング反転アンプ

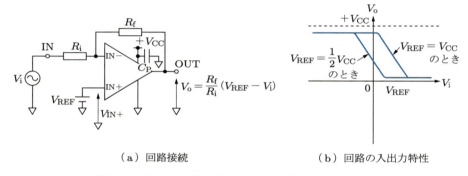

（a）回路接続　　　　　　　　（b）回路の入出力特性

図 1.41　バイアス電圧を印加した DC カプリング反転アンプ

1.9.2　DC カプリング非反転アンプ

DC カプリング（Direct Coupling）あるいは DC 結合とは，キャパシタやトランスを通さないで信号を伝える方式である．これまでに述べてきた回路は，ハイパス・フィルタを除いてすべて DC 結合であった．これに対し，キャパシタやトランスを用いる接続を，直流成分を通過させないで交流信号だけを扱うために AC カプリングとよぶ．ハイパスフィルタ（図 1.26）は直流を通さない AC カプリング回路である．

図 1.42（a）に非反転アンプを示す．基本的には図 1.5 に示した両電源の非反転アンプと同じであるが，非反転入力側にも直列抵抗 R_i を使用している．これは，入力オフセット電流による出力電圧のシフトを最小限に抑えるためである．図 1.42 は図 1.13 に示した差動アンプと同じ接続となる．回路ゲインも，式（1.27）の差動アンプゲイン式で $V_2 = 0\,\text{V}$ としたときとなる．

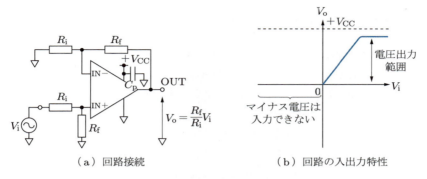

(a) 回路接続 （b）回路の入出力特性

図 1.42 DC カプリング非反転アンプ

$$G = \frac{V_\text{o}}{V_\text{i}} = \frac{R_\text{f}}{R_\text{i}} \tag{1.103}$$

回路の入力インピーダンス Z_in は，以下となる．

$$Z_\text{in} = R_\text{i} + R_\text{f} \tag{1.104}$$

ここで入力電圧範囲は，グランドから電源電圧 $+V_\text{CC}$ に限られる（図 1.42 (b)）．表 1.5 に示したように，オペアンプは両電源であっても，入力電圧範囲は電源電圧以下に限られる．これは IC の構造上，$-V_\text{CC}$（単電源のときは GND）に接続されたサブストレート[1]の電位を最も低く（マイナスに）保たなければならないからである．

また，図 1.42 (b) に示すように，単電源オペアンプの出力電圧範囲は，低い側はグランドまでとなるが，プラス側は電源電圧 $-1.5\,\text{V}$ 程度である．とくに電源電圧が低い場合には，出力電圧範囲に注意しなければならない．あるいは，電源電圧まで出力できるレール・トゥ・レール・オペアンプを用いる．レール・トゥ・レール・オペアンプは 1.9.5 項にて説明する．

練習問題

1.32 DC カプリング非反転アンプを用いて，入力電圧を 20 倍に増幅する回路を設計せよ．ただし入力インピーダンスは $10\,\text{k}\Omega$ 以上とする．

---

[1] substrate. IC の回路が構成されている半導体基板．多くは p 型半導体．p 型半導体の上に，トランジスタや抵抗などのパーツが構成されているが，サブストレートとの間は第 3 章で説明する空乏層によって絶縁される．空乏層を作るためには，p 型半導体であるサブストレートを最も低い（マイナス）電位に保たなければならない．

1.9.3　ACカプリング非反転アンプ

音声信号などの交流信号を扱う場合には，ACカプリングを用いて直流的な電位を切り離し，交流信号のみを増幅する方法がある．

図1.43(a)にACカプリング非反転アンプを示す．入力にカプリング・キャパシタC_{in}を使用して，DC成分をカットする．そして，信号の振幅範囲を最大にするため，出力信号の平均電位を1/2電源電圧($+V_{CC}/2$)にする．このため，オペアンプの非反転入力IN+にバイアス電圧V_{REF}を印加する．V_{REF}は，2本の抵抗R_1とR_2を用いた分圧回路によって作る．いま，$R_1 = R_2$であれば，$V_{REF} = +V_{CC}/2$となる．このV_{REF}を，R_{in}を通してオペアンプの非反転入力IN+に入力する．これによって，オペアンプの入力電圧V_{IN+}の中心も$+V_{CC}/2$となり，出力信号V_1は$+V_{CC}/2$を中心に変化する(図1.43(b))．出力電圧V_oは，出力キャパシタC_oによってDC成分をカットされることによって，0Vを中心とする信号になる．

R_2にはキャパシタC_1を並列接続する．C_1はR_{in}から分圧回路に流れ込むAC信号をバイパスし，V_{REF}の電位を安定させる．電位が一定に保たれるポイントは，交流的にはグランドとなる(図1.43(c))．したがってR_{in}は，ACグランドに接続された回路のAC入力インピーダンスとなる．

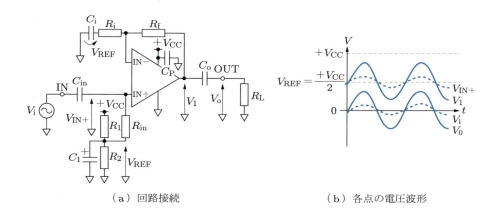

（a）回路接続　　　　　　　（b）各点の電圧波形

（c）入力に構成されるハイパス・フィルタ

図1.43　ACカプリング非反転アンプ

ところで，R_1 も一定の電位である電源に接続されている．電源も電圧が一定に保たれるポイントであるから，AC グランドとみなされる．このため，R_1 と R_2 と C_1 は，AC 的には並列に接続されたことになる．ここで，R_{in} から低周波の AC 信号が流れ込むことによって V_{REF} に電圧変動を生じたのでは，AC グランドとして作用できない．このため，増幅する信号の帯域より低い周波数まで電圧変動を生じないよう C_1 の容量を決定する．カットオフ周波数 f_{C1} は次式となる．

$$f_{C1} = \frac{1}{2\pi(R_1 \parallel R_2)C_1} \tag{1.105}$$

f_{C1} は経験的に，増幅する信号の最低周波数の 1/10 以下に設定する．たとえば音声信号を扱うとき，増幅信号の帯域幅を可聴帯域 20～20 kHz と考えれば，$f_{C1} \leq 2\,\text{Hz}$ とする．ここで消費電流を減らすためには，R_1 と R_2 の値は大きくしたい．$R_1 = R_2 = 100\,\text{k}\Omega$ とすれば，

$$C_1 \geq \frac{1}{2\pi(R_1 \parallel R_2)f_{C1}} = \frac{1}{2\pi(100\,k \parallel 100\,k) \times 2} \approx 1.59\,\mu\text{F} \tag{1.106}$$

となる．E24 系列からキャパシタの値を選ぶとすれば，C_1 は 1.6 μF 以上を使用する．ケミコンを用いるときには，図 1.43 (a) に示した極性の向きとする．

次に，回路の入力側を考える．入力はカップリング・キャパシタ C_{in} を通して IN+ に接続されている．IN+ には R_{in} を介して V_{REF} が供給されるため，図 1.43 (b) に示すように，入力電圧 V_i は +V_{REF} された V_{IN+} となってオペアンプに入力される．

ここで R_{in} は，図 1.43 (c) に示すように交流信号に対してはグランドに接続された状態となる．したがって，C_{in} と R_{in} はハイパス・フィルタを構成する．入力ハイパス・フィルタのカットオフ周波数 f_{C2} は，以下となる．

$$f_{C2} = \frac{1}{2\pi R_{in} C_{in}} \tag{1.107}$$

f_{C2} の −3 dB 点（カットオフ周波数）は信号の帯域幅より広ければよい．ここで 20 Hz 以下とするためには，$R_{in} = 100\,\text{k}\Omega$ とすれば，

$$C_{in} \geq \frac{1}{2\pi R_{in} f_{C2}} = \frac{1}{2\pi \times 100\,k \times 20} \approx 79.6\,\text{nF} \tag{1.108}$$

となる．C_{in} には 82 nF 以上のキャパシタを使用する．

ところで，オペアンプの入力バイアス電流は出力オフセット電圧として現れる．オ

フセット電圧が大きくなると，出力電圧の中心が$+V_{CC}/2$からずれてしまう．そこで，IN＋とIN－入力端子に接続される抵抗値をバランスさせる．IN＋側は，R_{in}とAC的に並列接続されたR_1とR_2である．また，IN－側はR_iとR_fが接続されるが，R_iの先はC_iであり直流は流れない．このためR_fを通してオペアンプの出力に直流は流れる．したがって，

$$R_f = (R_1 \parallel R_2) + R_{in} \tag{1.109}$$

とする．いま，$R_1 = R_2 = R_{in} = 100\ \mathrm{k\Omega}$であるから，$R_f = 150\ \mathrm{k\Omega}$となる．

さて，ヴァーチャル・ショートが成り立てば反転入力端子IN－の電位も$V_i + V_{REF}$となる．このときフィードバックを正しく動作させるためには，フィードバック・ネットワークの基準電位もV_{REF}でなければならない．そこでR_iとグランドの間にC_iを用いる．C_iにはR_iを介してV_{REF}が充電され，フィードバックの基準電位となる．

回路の交流ゲインG_{AC}は，C_iのインピーダンス$1/(j\omega C_i)$がR_iに比べて低いときは次式となる．

$$G_{AC} = 1 + \frac{R_f}{R_i} \tag{1.110}$$

たとえば，交流ゲインを20倍に設定するのであれば，$R_f = 150\ \mathrm{k\Omega}$より$R_i = 7.89\ \mathrm{k\Omega}$とする．なお，直流に対しては$C_i$のインピーダンスは$\infty$となるため，オペアンプはボルテージ・フォロワとして動作する．ただしC_{in}によってDC入力はカットされるため，直流における回路ゲイン$G_{DC} = 0$である．

ところで，C_iのインピーダンス$1/(j\omega C_i)$は，信号の周波数が低くなれば大きくなる．つまり，実質的に$|R_i|$が大きくなる．このため，回路のゲインが低下するので，ローカット・フィルタとなる．フィルタのカットオフ周波数f_{C3}は以下で表される．

$$f_{C3} = \frac{1}{2\pi R_i C_i} \tag{1.111}$$

f_{C3}もf_{C1}と同じく，信号の下限周波数の1/10以下に設定する．いま，$R_f = 150\ \mathrm{k\Omega}$，$R_i = 7.89\ \mathrm{k\Omega}$であるから$f_{C3} \leq 2\ \mathrm{Hz}$とするためには，

$$C_i \geqq \frac{1}{2\pi R_i f_{C3}} = \frac{1}{2\pi \times 7.89\ \mathrm{k} \times 2} \approx 10.1\ \mathrm{\mu F} \tag{1.112}$$

となる．C_iには10 μF以上のキャパシタを使用すればよい．なお，ケミコンを用いるときは図1.43（a）に示した極性の向きとする．

最後に出力を考える．いま，オペアンプの出力電圧 V_1 の中心電位は $+V_{CC}/2$ である．このまま次の回路にインタフェースできればよいが，グランドを中心とした信号とする場合にはカップリング・キャパシタ C_o を用いる．図1.43(c)の入力回路と同じように，C_o は負荷抵抗 R_L との間でカットオフ周波数 f_{C4} のローカット・フィルタを構成する．

$$f_{C4} = \frac{1}{2\pi R_L C_o} \tag{1.113}$$

f_{C4} も信号の帯域幅の下限周波数以下とする．いま，$R_L = 50\,\text{k}\Omega$ であれば，f_{C4} を 20 Hz 以下とするためには，

$$C_o \geqq \frac{1}{2\pi R_L f_{C4}} = \frac{1}{2\pi \times 50\,\text{k} \times 20} \approx 159\,\text{nF} \tag{1.114}$$

となる．C_o には 160 nF 以上のキャパシタを使用する．

1.9.4 AC カプリング反転アンプ

図1.44(a)に AC カプリング反転アンプを示す．この回路は，基本的には図1.26(b)に示したハイパス・フィルタである．図1.43(a)に示した AC カプリング非反転アンプと同じく，オペアンプの非反転入力 IN+ には，バイアス電圧 $V_{REF} = +V_{CC}/2$ を供給する．R_1 と R_2，C_1 から構成されるカットオフ周波数 f_{C1} は，式(1.105)と同じである．f_{C1} は，増幅する信号の最低周波数の 1/10 以下に設定する．いま，信号の最低周波数を 10 Hz とすれば，$R_1 = R_2 = 100\,\text{k}\Omega$ として $f_{C1} = 1\,\text{Hz}$ であるから，

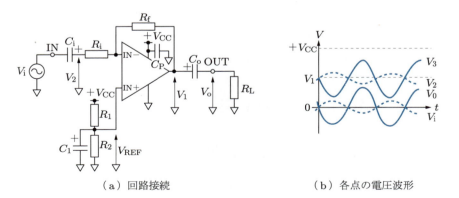

（a）回路接続　　　　　　　　（b）各点の電圧波形

図1.44　AC カプリング反転アンプ

1.9　単電源オペアンプ回路

$$C_1 \geqq \frac{1}{2\pi(R_1 \parallel R_2)f_{C1}} = \frac{1}{2\pi(100\,k \parallel 100\,k) \times 1} \approx 3.18\,\mu F \tag{1.115}$$

となる．C_1 は 3.3 μF 以上とする．AC カプリング非反転アンプでは，バイアス電圧が C_{in} と通った入力に接続されるために R_{in} が必要であったが，反転アンプでは信号は IN−端子に入力されるため，R_{in} は必要ない．

　入力オフセット電流の影響を最小にするため，それぞれの入力端子につながる抵抗値をバランスさせる．

$$R_f = (R_1 \parallel R_2) \tag{1.116}$$

いま，$R_1 = R_2 = 100\,k\Omega$ であれば，$R_f = 50\,k\Omega$ とする．
　回路の交流入力インピーダンス Z_{in} は $1/(j\omega C_i) \ll R_i$ のとき，次式となる．

$$Z_{in} = R_i \tag{1.117}$$

このとき回路の交流ゲイン G_{AC} は，以下となる．

$$G_{AC} = -\frac{R_f}{R_i} \tag{1.118}$$

たとえば G_{AC} を −20 倍とするためには，$R_f = 50\,k\Omega$ より $R_i = 2.5\,k\Omega$ であるが，どちらも E24 系列にはない値なので，$R_f = 51\,k\Omega$，$R_i = 2.4\,k\Omega$ などを用いる．
　入力のハイパス・フィルタのカットオフ周波数 f_{C2} は，次式である．

$$f_{C2} = \frac{1}{2\pi R_i C_i} \tag{1.119}$$

出力のカットオフ周波数 f_{C3} は，次式で示される．

$$f_{C3} = \frac{1}{2\pi R_L C_o} \tag{1.120}$$

負荷抵抗 $R_L = 20\,k\Omega$ として，それぞれカットオフ周波数を 10 Hz とするためには，

$$C_i \geqq \frac{1}{2\pi R_i f_{C2}} = \frac{1}{2\pi \times 2.4\,k \times 10} \approx 6.63\,\mu F \tag{1.121}$$

$$C_\mathrm{o} \geq \frac{1}{2\pi R_\mathrm{L} f_{\mathrm{C}3}} = \frac{1}{2\pi \times 20\,\mathrm{k} \times 10} \approx 796\,\mathrm{nF} \tag{1.122}$$

となるので，$C_\mathrm{i} \geq 6.8\,\mu\mathrm{F}$, $C_\mathrm{o} \geq 820\,\mathrm{nF}$ とする．

練習問題

1.33 AC カップリング非反転アンプを用いて，入力電圧を 10 倍に増幅する回路を設計せよ．ただし $R_1 = R_2 = 100\,\mathrm{k}\Omega$，入力信号の最低周波数は 10 Hz として，回路の AC 入力インピーダンスは 100 kΩ とする．負荷抵抗は 100 kΩ とする．

1.34 AC カップリング反転アンプを用いて，入力電圧を -100 倍に増幅する回路を設計せよ．ただし $R_1 = R_2 = 100\,\mathrm{k}\Omega$，入力信号の最低周波数は 20 Hz として，回路の AC 入力インピーダンスは 1 kΩ 以上とする．負荷抵抗は 100 kΩ とする．

1.9.5 単電源オペアンプ

デュアル単電源オペアンプ LM358 および NJM2732 の絶対最大定格を**表 1.7** に，電気的特性を**表 1.8** に示す．

NJM358 は，$\pm 1.5 \sim \pm 16\,\mathrm{V}$ の両電源あるいは $3 \sim 32\,\mathrm{V}$ の単電源で動作する．出力電圧範囲は，低電圧側は 0 V から，最大側は負荷抵抗 2 kΩ のときに $+V_\mathrm{CC} - 1.5\,\mathrm{V}$ である．両電源用のオペアンプを単電源で用いると低電圧側は 0 V まで出力できない．これに対して単電源用オペアンプは，出力電圧を 0 V まで下げられるように回路構成されている．ただし最大側は電源電圧までは出力できない．LM358 は，単電源オペアンプとしては標準的だが，電源電圧 5 V では 3.5 V までしか出力できない．

電源電圧が低いときには，グランドから電源電圧までの入力電圧に対応し，グランドから電源電圧まで電圧を出力できる入出力フルスイングあるいはレール・トゥ・レール (rail-to-rail) オペアンプがよい．

NJM2732 は，2 回路の入出力フルスイングオペアンプである．電源電圧 5 V，負荷抵抗 20 kΩ において，0.1 V 以下から 4.9 V 以上までの出力電圧を得られる．ただし

表 1.7 単電源オペアンプの絶対定格（$T_\mathrm{a} = 25\,°\mathrm{C}$）（データ・シート (14), (15) より）

項目	LM358	NJM2732	単位	備考
電源電圧	32 or ± 16	7.0	V	
差動入力電圧範囲	± 32	± 1.0	V	
同相入力電圧範囲	− 0.3 〜 32	0 〜 7.0	V	電源電圧の範囲内
推奨動作電圧範囲	3 〜 30	1.8 〜 6.0	V	

表 1.8　単電源オペアンプの電気的特性（$V_{CC} = 5\,\text{V}$, $T_a = 25℃$）（データ・シート (14), (15) より）

項目	条件	LM358 最小	LM358 標準	LM358 最大	条件	NJM2732 最小	NJM2732 標準	NJM2732 最大	単位
入力オフセット電圧			3	7			1	5	mV
入力バイアス電流			-20	-250			50	250	nA
入力オフセット電流			2	50			5	100	nA
電圧利得	$R_L = 2\,\text{k}\Omega$	88	100		$R_L = 2\,\text{k}\Omega$	60	85		dB
同相信号除去比			65	80			55	70		dB
電源電圧除去比			65	100			70	85		dB
出力電圧（最大）	$R_L \geq 2\,\text{k}\Omega$	$V_{CC}-1.5$			$R_L = 20\,\text{k}\Omega$	4.9	4.95		V
出力電圧（最小）	$R_L \leq 10\,\text{k}\Omega$		5	20	$R_L = 20\,\text{k}\Omega$		50	100	mV
利得帯域幅	$R_L = 2\,\text{k}\Omega$		0.7		$R_L = 2\,\text{k}\Omega$		1		MHz
入力換算雑音電圧	$f = 1\,\text{kHz}$		40		$f = 1\,\text{kHz}$		10		$\text{nV}/\sqrt{\text{Hz}}$
スルー・レート	$R_L = 2\,\text{k}\Omega$		0.3		$R_L = 2\,\text{k}\Omega$		0.4		V/μs

負荷抵抗が小さくなれば，スイングできる幅も狭まる．また，低い電圧専用に設計されているため，電源電圧範囲も $+1.8 \sim +6.0\,\text{V}$ と限られる．

演習問題

（指定のない限り，オペアンプのオープンループ・ゲイン $A = \infty$ としてよい．）

1.1 反転アンプの接続図を電源およびグランド線も含めて描け．

1.2 入力インピーダンス $10\,\text{k}\Omega$，ゲイン 20 倍の非反転アンプおよび反転アンプを設計せよ．

1.3 入力インピーダンス $5\,\text{k}\Omega$ の反転アンプのゲインを 10 倍から 12 倍に可変できるようにしたい．回路を設計せよ．

1.4 入力インピーダンス $20\,\text{k}\Omega$，ゲイン 20 倍の非反転アンプを設計したい．ただし図 1.10 (b) の回路の $R_i = 20\,\text{k}\Omega$ として，抵抗は，E24 系列，5% 精度とする．ゲインを正確に 20 倍に調節できるように回路を設計せよ．半固定抵抗は，$1\,\text{k}\Omega$, $2\,\text{k}\Omega$, $3\,\text{k}\Omega$, $5\,\text{k}\Omega$, $10\,\text{k}\Omega$, $20\,\text{k}\Omega$, $30\,\text{k}\Omega$, $50\,\text{k}\Omega$, $100\,\text{k}\Omega$ のうちの調整可能な最小の値のものとすること．半固定抵抗の誤差を考慮する必要はない．

1.5 (1) 差動入力インピーダンス $40\,\text{k}\Omega$，ゲイン 20 倍の差動アンプを設計せよ．
(2) (1) の回路を E24 系列の抵抗値で構成せよ．それぞれ 1 箇所に 1 本の抵抗を使用する．できるだけゲインが正確になるように抵抗値を選べ．
(3) (2) で選んだ抵抗は 1% の精度である．ゲインが最大のときと，最小のときをそれぞれ dB で求めよ．$A = \infty$ とする．

1.6 ヴァーチャル・ショートについて説明せよ．

1.7 いま，動作中のオペアンプの入力端子間電圧を測ったところ，ヴァーチャル・ショートが成立していないと考えられた．この状況を招く原因を考えよ．ただしオペアンプは壊れていないものとする．

1.8 電圧 V_1, V_2, V_3 を入力として，出力 $V_0 = -2V_1 + 3V_2 - 5V_3$ となる回路を設計せよ．回路図も描くこと．電源線は省略してよい．回路の入力インピーダンスは 1 kΩ を下回ってはならない．オペアンプを 3 個以上使ってはならない．

1.9 ある温度センサの出力電圧は，0℃のときに 0.1 V，100℃のときに 0.5 V である．ただし，センサは 0.1 mA 以上出力できない．0℃のときに 0 V，100℃のときに 10 V を出力する回路を設計せよ．オペアンプを 3 個以上使用してはならない．オペアンプ以外に電源などを用いてもよい．

1.10 1000 lx の明るさで 100 Ω，0 lx で 5 kΩ となる受光センサ (CdS) がある．0 lx で 0 V，1000 lx で 2 V を出力するアンプを設計せよ．CdS には 5 mA 以上の電流を流してはならない．

1.11 20 倍の反転アンプを製作したところ，入力 = 0 V で 50 mV の出力オフセット電圧が生じた．±60 mV の範囲まで出力オフセット電圧を調節できる回路を設計せよ．ただし電源電圧 ± V_{CC} = ±12 V とする．

1.12 f_c = 1 kHz の 1 次ローパス・フィルタを設計せよ．ただし反転アンプとして，入力インピーダンスを 10 kΩ，直流ゲインを 20 dB とする．

1.13 10 kHz でのゲイン 26 dB，カットオフ周波数 50 Hz，入力インピーダンス 10 kΩ 以上の 1 次ハイパスフィルタを設計せよ．非反転アンプ構成とすること．

1.14 カットオフ周波数 20 kHz，2 次のサーレン・キー型ベッセル・ローパス・フィルタを設計せよ．$R_1 = R_2 = 10$ kΩ とする．

1.15 カットオフ周波数 20 kHz として，100 kHz での遮断量を 50 dB 以上得たい．フィルタ特性をバタワースとすれば，何次の構成が必要か．

1.16 TL072 を用いて 10 倍の反転アンプを製作したい．
(1) 入力インピーダンスを 1 kΩ 以上として，入力オフセット電圧 + 入力オフセット電流が最小となる回路を設計せよ．
(2) (1) の回路で，ワーストケースの出力オフセット電圧を求めよ．

1.17 1 MHz で 10 V の振幅を得るアンプに必要なスルー・レートを求めよ．

1.18 図 1.12 の差動アンプで $R_1 = R_3 = 1$ kΩ，$R_2 = R_4 = 100$ kΩ としたとき，抵抗の誤差が最大 1% であるとすれば，CMRR は最小で何 dB となるか．オペアンプの CMRR は無限大とする．

1.19 直流ゲインが 10^5，GB 積が 1 MHz のオペアンプを用いて直流でのクローズドループ・ゲインが 50 倍の非反転アンプを作成した．オペアンプのスルー・レートは 0.8 V/μs である．この回路のカットオフ周波数を求め，その周波数での無ひずみ最大振幅電圧を求めよ．

1.20 オープンループ・ゲイン 2×10^5 のオペアンプをボルテージ・フォロワ回路に使用した．回路図を描き，このオペアンプの出力インピーダンスが 100 Ω のとき，ボルテージ・フォロワ回路の出力インピーダンスを求めよ．

2 フィードバックと周波数特性と安定性

今日では，ありとあらゆる電子回路にフィードバックが使用されている．また，フィードバックはエアコンの温度制御やカメラの露出制御など，電子回路以外にも広く使用されている．もちろん，オペアンプ回路も例外ではない．出力と反転入力の間に接続される受動素子が，フィードバックされる信号の大きさを決め，回路の入出力特性を決定する．

第1章ではフィードバックを意識することなくオペアンプ回路を設計できることを学んできたが，第2章ではフィードバックを学び，フィードバックによってオペアンプ回路が動作していることを理解しよう．

2.1 ブロック・ダイアグラム

フィードバック・システムの特性を記述するためにはブロック・ダイアグラムを用いる．たとえば A 倍のオープンループ・ゲインをもつオペアンプは，図 2.1 (a) のように表される．ただし，このブロックは周波数特性をもたない．1 Hz であろうと 1 mHz であろうと 1000 GHz であろうとゲインは A 倍である．

ゲインが A_1 倍と A_2 倍のアンプがあり（図 (b)），これを縦列接続すれば図 (c) のように A_1 と A_2 の積のゲインをもつブロックとなる．

式 (2.1) の伝達関数をもつ CR ローパス・フィルタ回路

$$G = \frac{1}{1+j\omega CR} = \frac{1}{1+j\dfrac{f}{f_C}} \tag{2.1}$$

であれば，図 (d) と記述できる．ブロックの中に $j\omega$ をもつが，これが周波数特性をもつことを意味する．なお，式 (2.1) で f_C と表されるカットオフ周波数は，帯域幅あるいはポール[1]ともよばれる．

加算（減算）点は○印で表す．電圧 V_1 と V_2 を足し算する加算器は図 (e) のように表される．信号をマイナス K 倍する反転アンプは $-K$ と表す．

---

[1] pole. ポール（極）．ポールは正しくは角周波数である．

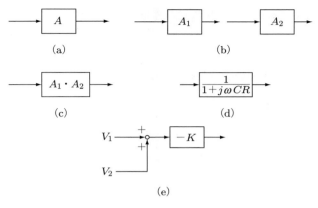

図 2.1　ブロック・ダイアグラム

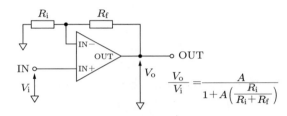

（a）回路図による記述

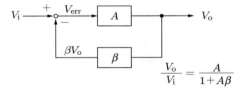

（b）ブロック・ダイアグラムによる記述

図 2.2　フィードバック・アンプ（非反転アンプ）

オペアンプの周波数特性を記述する前に，図 2.2（a）の非反転アンプを考えよう．フィードバックは，出力信号を反転入力端子に戻す技法である．これをブロック・ダイアグラムでは，図（b）のように，アンプの出力から β のブロックが引き出され，β 倍された出力が入力信号から引き算されて，再び A に入力されると表される．したがって，A への入力は，V_i と $\beta \cdot V_\mathrm{o}$ の差 V_err である．ここで β をフィードバック・ファクタ[1]とよぶ．

---

1) feedback factor. 帰還率. 出力を入力に戻す割合.

2.1　ブロック・ダイアグラム

図 2.2 (b) で考えてみよう．出力 V_o は誤差電圧 V_err を A 倍したものである．

$$V_\mathrm{o} = V_\mathrm{err} \cdot A \tag{2.2}$$

また，V_err は V_i と β の出力の差である．

$$V_\mathrm{err} = V_\mathrm{i} - \beta V_\mathrm{o} \tag{2.3}$$

式 (2.2) と式 (2.3) から

$$\frac{V_\mathrm{o}}{A} = V_\mathrm{i} - \beta V_\mathrm{o} \tag{2.4}$$

が得られ，式 (2.4) を整理してフィードバック回路の伝達関数 G を求めると，以下となる．

$$G = \frac{V_\mathrm{o}}{V_\mathrm{i}} = \frac{A}{1 + A\beta} \tag{2.5}$$

ここで $A\beta$ をループ・ゲイン (loop gain) とよび，$1+A\beta$ をフィードバック量とよぶ．通常はループ・ゲイン $A\beta \gg 1$ であるから，ループ・ゲインもフィードバック量も同じと考えてよい[1]．また，オープンループ・ゲイン A が大きければ，以下となる．

$$G \approx \frac{1}{\beta} \tag{2.6}$$

式 (2.6) からはオープンループ・ゲイン A が大きければ，クローズドループ・ゲイン G は，ゲイン A に関係なく，フィードバック・ファクタ β によって決まることがわかる．

図 2.2 (a) の非反転アンプのゲインは

$$G = \frac{V_\mathrm{o}}{V_\mathrm{i}} = \frac{A}{1 + A \cdot \dfrac{R_\mathrm{i}}{R_\mathrm{i} + R_\mathrm{f}}} \tag{1.5}$$

であった．式 (1.5) と式 (2.5) より β は以下となる．

---

[1] 日本語の書籍ではフィードバック量が多く使われているが，欧米ではループ・ゲインが多く使われるようである．どちらを用いてもほぼ同じであるが，用語としては両方とも覚える．

$$\beta = \frac{R_\mathrm{i}}{R_\mathrm{i} + R_\mathrm{f}} \tag{2.7}$$

$A \approx \infty$ のときの非反転アンプのゲインは，式 (2.6) に式 (2.7) を代入した形となる．

$$G \approx \frac{1}{\beta} = 1 + \frac{R_\mathrm{f}}{R_\mathrm{i}} \tag{2.8}$$

式 (2.8) は，式 (1.6) と同じである．

図 2.3 にゲイン特性を示す．オープンループ・ゲイン A は，周波数に関係なく一定である．このアンプにフィードバックを使用したクローズドループ・ゲイン G もまた，周波数によらず一定である．

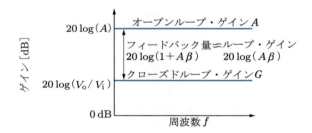

図 2.3　オープンループ・ゲインとクローズドループ・ゲイン

フィードバックによって減少したゲインである式 (2.5) の分母，すなわちフィードバック量は，図 2.3 ではオープンループ・ゲインとクローズドループ・ゲインの差として表される．式 (2.5) ではわり算であったが，縦軸をデシベルで表している図 2.3 では，引き算分がフィードバック量となる．デシベルで計算式を記述すれば，以下となる．

$$\begin{aligned}
20 \log\left(\frac{V_\mathrm{o}}{V_\mathrm{i}}\right) &= 20 \log\left(\frac{A}{1 + A\beta}\right) \\
&= 20 \log(A) - 20 \log(1 + A\beta) \approx 20 \log\left(\frac{1}{\beta}\right)
\end{aligned} \tag{2.9}$$

次に，反転アンプのブロック・ダイアグラムを考えてみよう．図 2.4 (a) の反転アンプのゲインは，式 (1.12) より以下となる．

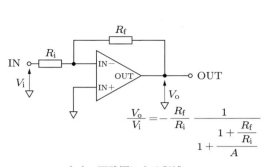

（a） 回路図による記述

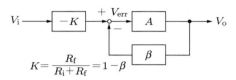

（b） ブロック・ダイアグラムによる記述

図 2.4　フィードバック・アンプ（反転アンプ）

$$G = -\frac{R_f}{R_i}\frac{1}{1+\dfrac{1+\dfrac{R_f}{R_i}}{A}} = -\frac{R_f}{R_i+R_f}\frac{A}{1+A\left(\dfrac{R_i}{R_i+R_f}\right)} = -K\frac{A}{1+A\beta} \tag{2.10}$$

ここで，K は以下となる．

$$K = \frac{R_f}{R_i+R_f} = 1-\beta \tag{2.11}$$

ブロック・ダイアグラムは図 2.4（b）のようになる．なお，$A \approx \infty$ であれば式（1.9）と同じとなる．

$$G \approx -\frac{1-\beta}{\beta} = -\frac{R_f}{R_i} \tag{2.12}$$

例題 2.1

図 2.2（b）のフィードバック回路で，
(1)　$A = 1000$,　　$\beta = 1/10$
(2)　$A = 10^5$,　　$\beta = 1/10$

のとき，それぞれクローズドループ・ゲイン G, ループ・ゲイン $A\beta$, 加算点に戻さ

れる信号の大きさ $\beta \cdot V_o$, 誤差信号 V_{err} を求めよ. $V_i = 1$ とする.

解 式 (2.5) より以下となる.

(1)
$$G = \frac{1000}{1 + 1000 \cdot \frac{1}{10}} \approx 9.901$$

$$A\beta = 1000 \times \frac{1}{10} = 100$$

$$\beta V_o = \frac{1}{10} \times 9.901 \times 1 = 0.9901$$

$$V_{err} = V_i - \beta V_o = 1 - 0.9901 = 0.0099$$

(2)
$$G = \frac{10^5}{1 + 10^5 \cdot \frac{1}{10}} \approx 9.9990001$$

$$A\beta = 10^5 \times \frac{1}{10} = 10^4$$

$$V_o \cdot \beta = 0.99990001$$

$$V_{err} = 0.00009999 \approx 1.0 \times 10^{-4}$$

(a) と (b) を比較すれば，オープンループ・ゲイン A が大きくなると，クローズドループ・ゲイン G は $1/\beta$ に近づき，誤差信号 V_{err} は 0 に近づくことがわかる.

練習問題

2.1 図 2.2 (a) の回路で $R_i = 1\,\text{k}\Omega$，$R_f = 99\,\text{k}\Omega$，オペアンプのオープンループ・ゲインが 100 dB である.
(1) フィードバック・ファクタ β を求めよ.
(2) 式 (1.5) の G と (2.8) の近似式の G の誤差を求めよ.

2.2 オペアンプの特性

さて，現実のオペアンプ (に限らずすべての増幅素子) は，周波数が高くなるとゲインが減少する．オペアンプが一つのカットオフ周波数 f_c をもつとすれば，オープンループ・ゲイン A は，1 次ローパス・フィルタの伝達関数である式 (2.1) を直流ゲイン A_{DC} 倍した (ボーデ線図では上に移動した) 曲線となる.

$$A = \frac{A_{DC}}{1 + j\frac{f}{f_c}} \tag{2.13}$$

図 2.5 に，式 (2.13) において $A_{DC} = 106\,\text{dB}$ (2×10^5 倍)，$f_c = 10\,\text{Hz}$ としたときのボー

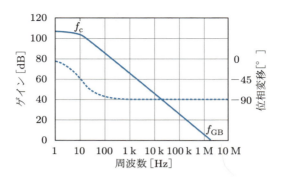

図 2.5 式 (2.13) のボーデ線図

デ線図を示す．ゲインはカットオフ周波数以上で $-20\,\mathrm{dB/dec.}$ の割合で減少するから，ゲインが $0\,\mathrm{dB}$（1倍）となるユニティゲイン周波数 f_{GB} は，

$$f_{\mathrm{GB}} = A_{\mathrm{DC}} \cdot f_{\mathrm{c}} \tag{2.14}$$

より 2 MHz となる．減衰域において f_{GB} は，直流ゲインとオープンループ・カットオフ周波数をかけた **GB 積**（gain-bandwidth product）と等しい．

位相曲線は，1次ローパス・フィルタと同じであり，周波数が高くなると遅れ，カットオフ周波数で $-45°$ の変移となり，さらに周波数が高くなると $-90°$ に近づく．ゲインはどこまでも降下していくが，カットオフが一つのアンプでは，位相は $-90°$ 以上に変移することはない．

例題 2.2

直流ゲイン 106 dB，GB 積 5 MHz のオペアンプのオープンループ・カットオフ周波数を求めよ．

解 $106\,\mathrm{dB} = 2 \times 10^5$，GB 積は一定であるから，式 (2.14) より以下となる．

$$f_{\mathrm{c}} = \frac{5\,\mathrm{MHz}}{2 \times 10^5} = 25\,\mathrm{Hz}$$

2.3 フィードバックの効果

2.3.1 周波数特性の拡大

図 2.5 のオープンループ特性をもつオペアンプに，フィードバックを使用したとき

を考える．ここで，フィードバック・ネットワークは抵抗だけで構成され，インダクタやキャパシタなどの$j\omega$をもつ素子は使わないとする．クローズドループ伝達関数Gは，式(2.13)を式(2.5)に代入して，以下となる．

$$G = \frac{\frac{A_{DC}}{1+A_{DC}\beta}}{1+j\frac{f}{(1+A_{DC}\beta)f_c}} \tag{2.15}$$

式(2.15)を式(2.13)と比べれば，<u>フィードバックによって直流ゲインは$1/(1+A_{DC}\beta)$倍に低下する一方で，カットオフ周波数は$(1+A_{DC}\beta)$倍になり</u>，アンプは広帯域化していることがわかる．このように増幅帯域を広くできることが，フィードバックのメリットの第一である．

ゲイン特性を図2.6に示す．オープンループ・ゲインAよりもクローズドループ・ゲインGが低い範囲（f_x以下の周波数）では，$G=A_{DC}/(1+A_{DC}\beta)\approx1/\beta$ 一定となる．クローズドループ・カットオフ周波数f_xは，f_cの$(1+A_{DC}\beta)$倍である．

f_xにおけるGB積f_{xGB}は，

$$f_{xGB} = \frac{A_{DC}}{(1+A_{DC}\beta)}\cdot(1+A_{DC}\beta)f_c = A_{DC}\cdot f_c = f_{GB} \tag{2.16}$$

であり，<u>Gを任意に設定してもGB積は一定となる</u>．

図2.6からわかるように，周波数によってフィードバック量は変化する．オープンループ・ゲインが小さくなればフィードバック量も小さくなり，$1/\beta$を下回ると（f_x以上の周波数），フィードバック量はゼロとなる．

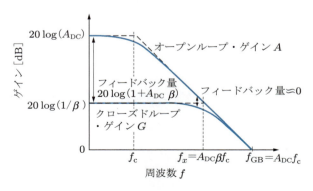

図2.6　フィードバック使用時のゲイン特性の変化

> 📝 **練習問題**

2.2 図 1.33 (a) に示した TL072 のオープンループ・ゲイン特性より，クローズドループ・ゲインを 40 dB としたときのカットオフ周波数を求めよ．また，表 1.6 の GB 積の標準値から 40 dB 時のカットオフ周波数を計算せよ．

2.3 ゲイン 20 dB，カットオフ周波数 1 MHz のアンプを実現したい．このアンプに使用するオペアンプに必要な特性を述べよ．

2.4 $A_{DC} = 10^6$，オープンループ・カットオフ周波数 8 Hz のオペアンプがある．このオペアンプを用いてカットオフ周波数 250 kHz のアンプを作るとすれば，ゲインは最大で何 dB 得られるか．

2.3.2 ゲイン変動の減少

フィードバックには，ゲインを犠牲にして帯域幅を広げることのほかにもさまざまな効用がある．

オペアンプのオープンループ・ゲイン A は，オペアンプごとにばらつきもあり，また，同一のオペアンプであっても電源電圧や素子温度によって使用中にも変化する．このオープンループ・ゲイン A の変動が，回路のクローズドループ・ゲイン G に与える影響について考えてみる．式 (2.5) は，

$$G = \frac{A}{1 + A\beta} = A \cdot (1 + A\beta)^{-1} \tag{2.17}$$

であり，この両辺を A で微分[1])して，以下となる．

$$\frac{dG}{dA} = (1 + A\beta)^{-1} - A\beta \cdot (1 + A\beta)^{-2} = \frac{1}{(1 + A\beta)^2} \tag{2.18}$$

これよりオープンループ・ゲイン A が δA 変化したとすれば，回路ゲイン G は δG 変化する．

$$\delta G = \frac{\delta A}{(1 + A\beta)^2} \tag{2.19}$$

回路ゲイン G のオープンループ・ゲイン A に対する変化率は，式 (2.19) を式 (2.17) で割って，以下となる．

---

1) $y = f(x) \cdot g(x)$ のとき $dy/dx = f'(x) \cdot g(x) + f(x) \cdot g'(x)$

$$\frac{\delta G}{G} = \frac{1+A\beta}{A} \frac{\delta A}{(1+A\beta)^2} = \frac{1}{1+A\beta} \frac{\delta A}{A} \qquad (2.20)$$

オープンループ・ゲイン A の変動もフィードバックによって，$1/(1+A\beta)$ に圧縮される．

例題 2.3

ループ・ゲイン $A\beta = 99$ であるなら，オープンループ・ゲイン A が 10% 増えたときの回路ゲインの増加はいくらか．

解 式 (2.20) より

$$\frac{\delta G}{G} = \frac{1}{1+A\beta} \frac{\delta A}{A} = \frac{1}{1+99}(0.1) = 1 \times 10^{-3}$$

となり，G の増加は 0.1% である．

練習問題

2.5 オープンループ・ゲイン $A = 106$ dB のオペアンプをクローズドループ・ゲイン 60 dB の回路で使用している．オペアンプの A が 10% 減少したとき，クローズドループ・ゲインは何%減少するか．

2.3.3 直線性の向上

オペアンプの入出力特性は，厳密には直線とはならない．内部のトランジスタのゲインが，トランジスタに流れる電流や温度によって変化するため，どうしても非直線性が生じる．

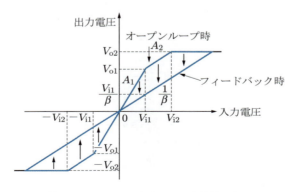

図 2.7　フィードバックによる直線性の向上

いま，図 2.7 に示すように，入力電圧 $\pm V_{i1}$ までは A_1 倍のゲインであり，$\pm V_{i2}$ までは A_2 倍のゲイン特性であったとする．フィードバックによってゲインを $1/\beta$ に低下させれば，オープンループ・ゲインの違いもまた，式 (2.20) の割合で圧縮される．すなわち，入出力特性の非直線性も改善される．非直線性の改善は，ひずみ率の改善でもある．

ただし，フィードバックによってもクリッピング状態にある $\pm V_{o2}$ 以上の出力が得られることはない．

 練習問題

2.6 オペアンプのオープンループ・ゲインが，図 2.7 のようなカーブを示し，$A_1 = 2 \times 10^5$，$A_2 = 1 \times 10^5$ であったとする．フィードバックを使用し $\beta = 0.01$ とすれば，クローズドループ・ゲインはそれぞれどうなるか．

2.3.4　出力インピーダンスの低下

図 2.8 の回路で出力インピーダンスを考える．いま，オペアンプの出力インピーダンスを R_o とする．入力電圧 $V_i = 0\,\text{V}$ に保って出力に電圧 V_o を加えれば，反転入力端子電圧 $V_{\text{IN}-}$ は次式となる．

$$V_{\text{IN}-} = \frac{R_i}{R_i + R_f} V_o = \beta \cdot V_o \tag{2.21}$$

ここで，$R_o \ll R_f$ であるから，V_o からの電流 I_o はすべてオペアンプが吸収すると考え，

$$I_o = \frac{V_o - (-A \cdot V_{\text{IN}-})}{R_o} \tag{2.22}$$

である．式 (2.21) を式 (2.22) に代入して以下となる．

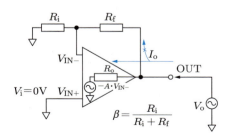

図 2.8　フィードバック・アンプの出力インピーダンス

$$I_\mathrm{o} = \frac{1+A\beta}{R_\mathrm{o}} V_\mathrm{o} \tag{2.23}$$

これよりフィードバック・アンプの出力インピーダンス Z_o が求まる.

$$Z_\mathrm{o} = \frac{V_\mathrm{o}}{I_\mathrm{o}} = \frac{R_\mathrm{o}}{1+A\beta} \tag{2.24}$$

フィードバックによって,出力インピーダンスは $1/(1+A\beta)$ 倍に低下する.出力インピーダンスが低くなればなるほど,負荷インピーダンスによる出力電圧低下が小さくなる.これもまた,フィードバックの効果である.

練習問題

2.7 出力抵抗 100 Ω のオペアンプがある.このオペアンプを用いて出力インピーダンス 0.1 Ω 以下の回路を作りたい.最大のクローズドループ・ゲインは何 dB になるか.オペアンプのオープンループ・ゲインを 106 dB とする.

2.4 フィードバック回路の安定性

式 (2.13) で示される一つのカットオフをもつアンプの伝達関数 G は,$s=j\omega$ を用いて以下のように表すことができる.

$$G = \frac{A_\mathrm{DC}}{1+j\dfrac{\omega}{\omega_c}} = \frac{A_\mathrm{DC}}{1-\dfrac{s}{p_1}} \tag{2.25}$$

式 (2.25) において

$$p_1 = -\omega_c \tag{2.26}$$

のとき分母は 0 となり,$G=\infty$ となる.この p_1 [rad/s] を**ポール**とよぶ.式 (2.25) は,一つのポールをもつ伝達関数である.このポールの s 平面における原点からの距離は,

$$|p_1| = \omega_c \tag{2.27}$$

であり,ω_c は $|G|=-3\,\mathrm{dB}$ となるカットオフ周波数である.ここからはカットオフをポールとよんで議論を進める.

2.4.1 二つ以上のポールをもつアンプ特性

これまで，オペアンプは一つのポールをもつと考えてきた．ところが実際のオペアンプは三つ以上のポールをもつ．ここでは，まず，二つのポールから考える．

直流ゲイン A_{DC1}，ポール周波数 f_1 のアンプと直流ゲイン A_{DC2}，ポール周波数 $f_2 (> f_1)$ のアンプがある．それぞれのアンプの特性は次式となる．

$$A_1 = \frac{A_{DC1}}{1+j\frac{f}{f_1}}, \quad A_2 = \frac{A_{DC2}}{1+j\frac{f}{f_2}} \tag{2.28}$$

この二つのアンプを縦列接続したとき，合成伝達関数はかけ算となる．

$$A = \frac{A_{DC1} \cdot A_{DC2}}{\left(1+j\frac{f}{f_1}\right)\left(1+j\frac{f}{f_2}\right)} \tag{2.29}$$

A は二つのポール f_1 と f_2 をもつアンプである．ブロックダイアグラムで表せば図 2.9 となる．

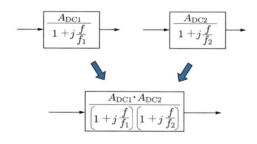

図 2.9　二つのポールをもつアンプ

ボーデ線図を図 2.10 に示す．合成ゲイン A_{DC} は A_{DC1} と A_{DC2} の積になるが，対数（デシベル）表示の y 軸では足し算となり，合成ゲインはゲイン 1 をゲイン 2 だけ上に移動させたカーブとなる．周波数 f_1 が第 1 のポールであり，それ以上ではゲインは $-20\,\text{dB/dec.}$ の割合で減少し，第 2 のポール周波数 f_2 以上では $-40\,\text{dB/dec.}$ の割合で減少する．

合成位相も同じく，A_1 の位相と A_2 の位相を足し合わせたものとなる．A_1 は f_1 で $-45°$ の変位であり，それ以上の周波数で $-90°$ に近づいてゆく．A_2 は f_2 で $-45°$ の変

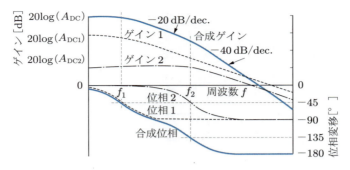

図 2.10　二つのポールをもつアンプのボーデ線図

位であり，それ以上の周波数で $-90°$ に近づいている．合成位相は，f_1 で $-45°$ の変位であるが，それ以上の周波数では A_2 の影響を受け，f_2 で $-135°$ の変位となり，最終的に $-180°$ に近づいてゆく．

この位相変移カーブは，ある周波数での入力信号に対して出力信号の位相がどうなるかを示している．たとえば，周波数 f_1 の信号では入力に対して出力は $45°$ 遅れる．周波数 f_2 では $135°$ の遅れとなり，それ以上では，$180°$ の遅れ（反転）に近づいてゆく（図 2.11）．

次に，三つのアンプ（$f_3 > f_2 > f_1$），

$$A_1 = \frac{A_{DC1}}{1 + j\dfrac{f}{f_1}}, \quad A_2 = \frac{A_{DC2}}{1 + j\dfrac{f}{f_2}}, \quad A_3 = \frac{A_{DC3}}{1 + j\dfrac{f}{f_3}} \tag{2.30}$$

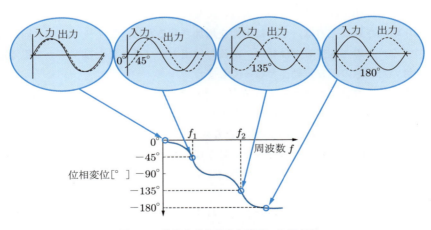

図 2.11　位相変移と入出力波形の位相変移

2.4　フィードバック回路の安定性

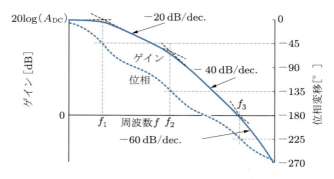

図 2.12　三つのポールをもつアンプのボーデ線図

が縦列接続されたときを考える．伝達関数は，以下となる．

$$A = \frac{A_{DC}}{\left(1 + j\frac{f}{f_1}\right)\left(1 + j\frac{f}{f_2}\right)\left(1 + j\frac{f}{f_3}\right)} \tag{2.31}$$

ここで，合成直流ゲイン $A_{DC} = A_{DC1} \times A_{DC2} \times A_{DC3}$ である．ボーデ線図を図 2.12 に示す．第 3 ポール周波数 f_3 以上では，ゲインは $-60\,\mathrm{dB/dec.}$ の割合で減少し，位相は最大 $-270°$ の変移となる．

2.4.2　フィードバックと不安定動作

ネガティブ・フィードバックは，出力信号の一部を反転して入力に戻す方式である．反転，すなわち位相を $-180°$ して入力に戻すことは，入力信号を減少させることと等しい．ここで位相を反転させないで入力に戻せば，これは入力信号を増加させることになる．増加された入力は，さらに出力を増加させるため，フィードバック回路を不安定にする．このときアンプは発振，あるいは出力がプラスまたはマイナス電源電圧に張り付いた状態の不安定動作となってしまう．

ところでアンプには必ずポールがあり，それより上の帯域ではゲインが減少する．このゲインの減少は，必ず位相遅れをともなう．ポールが一つであれば，位相は最大 $-90°$ 変移する．二つあれば最大 $-180°$ となる．

ところが $-180°$ の遅れをともなった信号を反転させて入力に戻すことは，$-360°$ した信号，つまり元々の信号と同じ位相の信号を入力に戻すことになる．これでは回路動作は不安定になる．

したがって，フィードバックを安定して動作させるためには，オープンループ・ゲインが $0\,\mathrm{dB}$（1 倍）以上ある帯域で，$-180°$ 遅れた信号が入力に戻らないようにする．

もしもアンプが，図2.5に示すように一つのポールしかもたないのであれば，位相遅れは$-90°$以下である．つまり，入力に戻される信号が$-180°$遅れることはない．よって，フィードバックを用いても動作が不安定になることはない．しかし図2.10に示すように，合成ゲインが0 dBとなるより低い周波数で位相の変移が$-180°$に達するアンプは，フィードバックによって不安になるかもしれない．

さて，第5章で学ぶように，たいていのオペアンプは3段の増幅段[1]から構成されている．増幅段は，1段につき一つ[2]のポールをもつ．増幅段が3段であればアンプは三つのポールをもつ．したがって，オペアンプも図2.12に示したような特性となる．

図2.12の特性のアンプにフィードバックを用い，クローズドループ・ゲインを$1/\beta$に下げたとする（**図2.13**）．このときフィードバックによって減らされるゲイン（フィードバック量）xは，式(2.5)から明らかなように$(1+A\beta)$である．図2.13では，縦軸は対数[dB]であるからわり算は引き算となり，オープンループ・ゲインとクローズドループ・ゲインで囲まれる面積がフィードバック量を表す．ここで，フィードバック量$=0$ dBとなる周波数f_xにおいて位相変移は$-120°$である．この場合，フィードバックされる信号の位相遅れは$-120°$以下であるから，不安定になることはない．

このf_xにおける位相変移$-180°$を**位相余裕**（phase margin）とよぶ．ここでは$(-120° - 180°) = 60°$である．<u>位相余裕が十分に（おおむね45°以上）あれば，アンプは安定動作する</u>．

ところで，図2.12のアンプのフィードバック量を増やすと（クローズドループ・ゲインを小さくすると）図2.14のようになる．一見したところ，フィードバック量が増加し，クローズドループ・ゲインの帯域幅が広がるだけで，図2.13と大きな違い

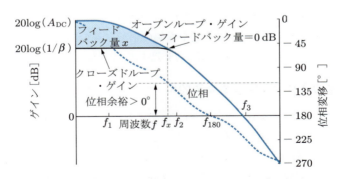

図2.13　フィードバック使用時のボーデ線図（位相余裕あり）

---

[1] amplifier stage. 一つのトランジスタあるいは数個のトランジスタからなる1組の増幅回路．
[2] 複数のポールをもつ回路構成もある．

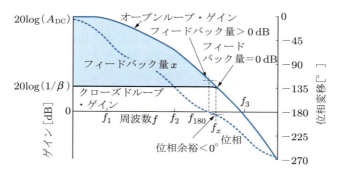

図 2.14　フィードバック使用時のボーデ線図（位相余裕なし）

はないように思われる．しかし，図 2.14 では位相が $-180°$ 変移する周波数 f_{180} においてもフィードバック量＞0 dB となっている．これでは，$-180°$ 遅れた信号をさらに反転して入力に戻すことになってしまう．そして，フィードバック量＝0 dB となる周波数 f_x における位相変移は $-190°$ であり，位相余裕はマイナスの値である．このとき，回路の動作は不安定となる．

2.4.3　不安定動作をさせないために

不安定動作をさせないためには，位相が $-180°$ 変移する周波数 f_{180} までフィードバックを用いなければよい．つまり，オープンループ・ゲインとクローズドループ・ゲインの交点周波数 f_x を，位相変移が $-180°$ となる周波数 f_{180} より低く選べばよい．これは図 2.13 の状態である．言い換えれば，f_x における位相余裕がプラスの状態で使用すればよい．

実際には，位相変移が $-150°$ 付近を超えると波形の立ち上がり，立ち下がりに波が生じたり（リンギング），特定の周波数や振幅の信号に部分的な発振（寄生発振）が見られたりする．であるから，位相余裕は 45°以上確保する．

2.4.4　安定なオペアンプとするために

一般のオペアンプは，クローズドループ・ゲイン＝0 dB，すなわちフィードバック量＝オープンループ・ゲインとするボルテージ・フォロワ接続で使用されても不安定動作しないように調整されている．つまり，ユニティゲイン周波数 f_{GB} においても，十分な位相余裕が確保されている．では，どのような調整方法を用いれば，ボルテージ・フォロワでも安定に動作させられるであろうか．

これには二つの方法がある．

第1は，オープンループ・ゲインそのものを下げる方法である．オープンループ・

ゲインを下げれば，全帯域にわたってゲインが減少するが，位相カーブはそのままである．位相変移が$-135°$となる第2ポールでのオープンループ・ゲイン$A < 0$ dBになるようにゲインを下げれば，位相余裕は必ず$45°$以上となり，不安定動作することはない．

しかしAを小さくしていては，フィードバックによって得られる改善量も小さくなってしまう．周波数特性，直線性，出力インピーダンス，いずれも$(1 + A\beta)$倍に改善されるのであるから，Aが小さくなれば改善量も小さくなる．

第2の方法は，オープンループ帯域幅を狭める方法である．第1のポールが低い周波数にあり，第2ポールでのゲインが0 dBを下回っていれば，フィードバック量をいくらにしようと位相余裕はプラスである．オペアンプでは，この帯域幅を狭める位相補償 (compensation) が用いられている．

図2.15に示すようにオリジナルの第1ポールf_1でのオープンループ・ゲインが0 dBを下回るように，第1ポールより低い周波数f_Dに新たなポールを導入する．f_Dの導入によって，位相変移はf_Dで$-45°$となり，それ以上の周波数では$-90°$が加算され，オリジナルの第1ポール周波数f_1での変移は$-135°$となる．オリジナルの第1ポールは，補償後は実質的に第2のポールとなる．

第5章で述べるように，オペアンプICでは1個のキャパシタを内蔵させて位相補償を実現している．オペアンプに位相補償回路が内蔵されているから，安定性を考えることなく自由にクローズドループ・ゲインを設定できるのである．

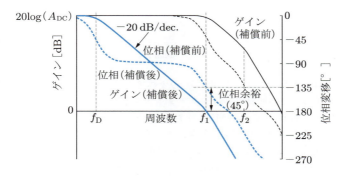

図2.15　位相補償によるゲインおよび位相の変化

例題2.4

位相補償をしていないアンプが，図2.12に示すゲイン特性を示している．直流ゲイン$A_{DC} = 100$ dB，ポール周波数$f_1 = 100$ kHz，$f_2 = 1$ MHz，$f_3 = 10$ MHzであるとき，このアンプをボルテージ・フォロワ接続でも安定に動作させるためには，新たなポー

ルを何 Hz に作ればよいか．位相余裕は 45° 確保すること．

解 図 2.15 に示すように，f_1 でオープンループ・ゲイン = 0 dB となる f_D を形成すればよい．

$$f_D = \frac{f_1}{A_{DC}} = \frac{100 \text{ kHz}}{10^5} = 1 \text{ Hz}$$

 練習問題

2.8 例題 2.4 のアンプを 10 dB 以上のクローズドループ・ゲインで安定動作させるためには，新たなポールは何 Hz に作ればよいか．

演習問題

2.1 カットオフ周波数 10 kHz の 1 次ローパス・フィルタのボーデ線図を描け．

2.2 問図 2.1 (a) の回路で，ゲイン $A = 10^5$ のオペアンプを用いた．クローズドループ・ゲイン G を求め，この回路のブロック・ダイアグラムを描け．

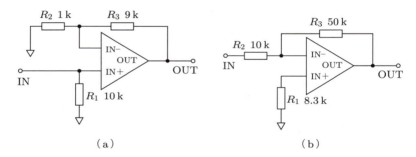

問図 2.1

2.3 問図 2.1 (b) の回路で，ゲイン $A = 10^5$ のオペアンプを用いた．クローズドループ・ゲイン G を求め，この回路のブロック・ダイアグラムを描け．

2.4 直流ゲイン 106 dB, GB 積 5 MHz のオペアンプがある．
(1) + 46 dB の回路に使用するとき，カットオフ周波数は何 Hz になるか．
(2) 帯域幅 250 kHz の回路を作るとき，回路のゲインは何 dB になるか．

2.5 オープンループ・ゲイン = 110 dB のオペアンプを $R_f / R_i = 299$ の非反転アンプ回路に使用したい．オペアンプのゲインは ± 10 dB のばらつきがあるとすると，回路ゲインの最大，最小値を dB で求めよ．

2.6 周波数 100 kHz において 20 dB のゲインを得たい．使用するオペアンプの条件を述べよ．

2.7 オペアンプのオープンループ・ゲインが 106 dB, 出力抵抗が 50 Ω である．このオペアンプをクローズドループ・ゲイン 40 dB で使用したときの回路の出力インピーダン

スを求めよ．

2.8 フィードバックの使用によるメリットを4点述べよ．

2.9 フィードバック回路の安定動作条件を述べよ．

2.10 オペアンプのオープンループ・ゲインを 100 dB として，第 2 カットオフの周波数を 1 MHz とする．1 MHz にてオープンループ・ゲインを 0 dB とするためには，第 1 カットオフ周波数をいくらにすればよいか．ただし 2 次より上のポールは無視する．

3 半導体素子

オペアンプだけで多くの回路を組むことができる．しかし，オペアンプだけでは実現できない回路も少なからずある．そこでオペアンプとトランジスタなどのディスクリート[1]素子を組み合わせた回路が必要となる．それらの回路を学ぶ前にこの章では，ダイオード，トランジスタ，FET についての基本を学び，動作原理を理解しよう．

3.1 半導体

半導体（semiconductor）は金属と絶縁体の中間の抵抗率をもつ物質である．ダイオードやトランジスタなどの半導体素子には，シリコン（ケイ素）が使用される．シリコンの抵抗率は $2.3 \times 10^5\,\Omega\cdot\mathrm{cm}$ である．この値は銅の $1.67 \times 10^{-6}\,\Omega\cdot\mathrm{cm}$ と比べ，100万倍のさらに10万倍以上大きい．しかし，抵抗率よりも電荷の動くメカニズムが半導体では異なる．

銅やアルミニウムなどの金属結晶では，隣り合う元素の最外周の電子軌道（価電子帯）が互いに重なり合い，価電子が自由に移動する伝導帯を形づくる．金属では，伝導帯にある多数の自由電子が電荷の運び手となり，低い抵抗率となる（図 3.1 (a)）．

純粋な半導体（真性半導体）は，絶対温度 0 K では伝導帯に自由電子は存在せず，絶縁体である．ところが，$T > 0\,\mathrm{K}$ では熱エネルギーによって価電子が伝導帯に励起され，自由電子が発生する（図 3.1 (b)）．伝導帯に励起された自由電子は，マイナス

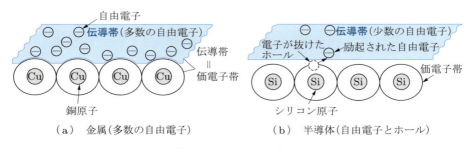

(a) 金属（多数の自由電子）　　(b) 半導体（自由電子とホール）

図 3.1　電気伝導のちがい

---

1) discrete. 分離した：電子回路では IC に対して単独の半導体素子をディスクリート素子とよぶ．

の電荷を運ぶ．また，電子が抜けた軌道を**ホール**（hole，正孔）とよぶ．ホールも，伝導帯から電子が移動してくると，他の原子で電子が励起されることによって，あたかもプラスの電荷を運んでいるかのように移動する．

このように半導体では，マイナスとプラスの両極の電荷の運び手，**キャリア**（carrier）がある．しかし，多数の自由電子をもつ金属と比べてキャリア数が少ないため，抵抗率は大きい．また，熱エネルギーによって自由電子が励起されるため，半導体では温度が上昇すればキャリアが増えて電気伝導度が大きくなる．温度が高くなると抵抗率が大きくなる金属とは逆の傾向である．

半導体素子には p 形と n 形の 2 種類の半導体が使われる．純粋なシリコンの結晶を作り，そこにごく微量の不純物を添加 (dope) して p 形あるいは n 形半導体を作り出す．

4 価元素のシリコンにわずかの 5 価元素（リンなど）を添加すると価電子帯に過剰電子が存在する n 形半導体に，3 価元素（ホウ素など）を添加すると価電子帯の電子が不足する p 形半導体となる．n 形半導体では不純物元素の過剰電子が伝導帯に励起されて自由電子となる．一方，p 形半導体では不純物元素のため電子軌道を満たすだけの電子が存在せず，電子の不足した軌道がホールとなる．

半導体内で多数派を占めるキャリア，n 形における自由電子，p 形におけるホールを**多数キャリア**とよぶ．n 形にもホール，p 形にも自由電子は存在するが，こちらは**少数キャリア**となる．なお，p 形の p は positive，n 形の n は negative の頭文字である．

3.2 ダイオード

p 形半導体と n 形半導体とを接合した素子がダイオードである（図 3.2）．回路図記号を図 3.2 (a) に示す．電流が流れる方向に△の矢印が向いている．p 側の電極をアノード (anode)，n 側の電極をカソード (cathode)[1]とよぶ．ダイオードにはカソード側にマークがあり，向きがわかるようになっている．

pn 接合の近傍では，拡散によって pn 接合を超えた電子やホールが，それぞれ多数キャリアと結合して消失するため，キャリアの存在しない**空乏層**（space-charge region, depletion region）を生じる（図 3.2 (b)）．空乏層部位の n 形側では，電子の消失によってマイナスの電荷が不足するためプラスの電位となり，p 形側ではホールの消失によってマイナスの電位となるため電位勾配（拡散電位，内蔵電位）を生じる．電位勾配は，キャリアの移動を妨げるため**電位障壁**（potential barrier）とよばれる．

---

1) anode, cathode には陽極，陰極と訳語があるが，ほとんど使われない．

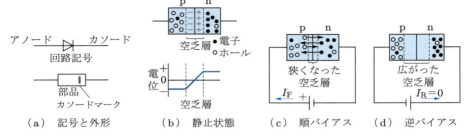

図 3.2 ダイオード

図 3.2 (c) のように，p 形にプラス (+) 極を，n 形にマイナス (−) 極を接続すると，クーロン力によって p 形内のホールは n 形へ，n 形内の電子は p 形へと空乏層を超えて移動する．p から n に流れる電流を**順電流** (forward current) I_F とよぶ．

電源を逆にして p 形を − 極に，n 形を + 極に接続する（図 3.2 (d)）．p 形内のホールは − 極へ，n 形内の電子も + 極に引き寄せられて空乏層が広がり，pn 接合を超えることはない．順方向に電流は流れるが，逆方向には流れない．これがダイオードの**整流作用**である．

3.2.1 半波整流回路

整流作用を利用する最も簡単な回路が，**半波整流回路**とよばれる交流—直流変換回路である（**図 3.3**）．入力交流電圧は正負に変化するが，ダイオードはアノード端子電圧がカソード端子電圧よりも高くなるときだけ電流を通過させる．これにより，正の半サイクルのみ電圧が出力に現れる．このように交流電圧を直流電圧に変換するプロセスを**整流** (rectification, commutation) とよぶ．

半波整流回路では，交流の半分しか利用できないため，交流を直流に変換する効率（＝出力直流電力／入力交流電力）が低い．これでは，取り出せる直流電力に対して，大きな入力交流電力が必要となる．このため通常は，第 4 章で述べる全波整流回路が

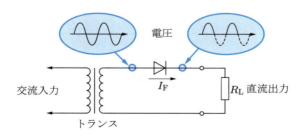

図 3.3 半波整流回路

3.2.2 順方向特性

キャリアが pn 接合を超えるためには,電位障壁を超える電圧 (順電圧) を必要とする[1]. 順電圧を V_D,ダイオードを流れる電流を I_F とすると,以下となる.

$$I_F = I_S \left\{ \exp\left(\frac{V_D}{nV_T}\right) - 1 \right\} \tag{3.1}$$

ここで I_S は**飽和電流** [A] とよばれ,それぞれのダイオードに固有の値である.シリコンダイオードでは $10^{-16} \sim 10^{-14}$ [A] である.係数 n は電流が非常に小さいときは 2 に近づくが,電流が大きくなると 1 に近づく (1 として計算してよい).

式 (3.1) の V_T は**熱電圧**とよばれる.pn 接合のポテンシャルを超えて電流が急速に流れ始める電圧である.電子電荷 $q = 1.60 \times 10^{-19}$ C,ボルツマン定数 $k = 1.38 \times 10^{-23}$ J/K,T を絶対温度 [K] として,以下となる.

$$V_T = \frac{kT}{q} \approx 26 \text{ mV} \quad (\text{at } 300 \text{ K}) \tag{3.2}$$

図 3.4 にシリコン・ダイオードの電圧・電流の関係をグラフに示す.順電圧 V_D の指数乗で順電流 I_F が増えるため,リニア目盛り (図 3.4 (a)) では,V_D が $0.6 \sim 0.7$ V を超えると電流が急激に流れ始めるように見える.この電圧を**ターンオン (turn-on) 電圧**または**カットイン (cut-in) 電圧**とよぶ.I_F は V_D の指数関数であるから,片対数グラフ (図 3.4 (b)) では直線となる.

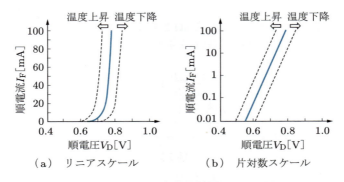

(a) リニアスケール　　(b) 片対数スケール

図 3.4 ダイオードの電圧電流特性 (順方向)

---

1) 個々のキャリアのもつエネルギーに差があるため,確率的に障壁を超えるキャリアが存在する.

ところで，式 (3.1) の I_S は，半導体内のキャリア密度の関数である．半導体のキャリア（ホールと電子）の数は，温度上昇とともに指数的に増加する．すなわちキャリア密度も大きくなる．したがって，I_S も絶対温度とともに増加する．図 3.4 に示すように，<u>温度が上昇すれば V_D は同じでも I_F が増加する</u>．シリコンダイオードでは同じ順電流を流す順電圧は約 $-2\,\text{mV/°C}$ の<u>温度係数</u>をもつ．これは，<u>10°Cの温度上昇で順電流が倍に増える</u>ことに相当する．式 (3.1) では温度上昇により V_T が大きくなり I_F が減少するように見えるが，そうではないことに注意する．

📘 例題 3.1

$T = 300\,\text{K}$，$I_S = 10^{-14}\,\text{A}$ として，ダイオードの順電圧が $0.6\,\text{V}$，$0.7\,\text{V}$，$0.8\,\text{V}$ となったときの順電流を求めよ．

解 式 (3.1) で $n = 1$ として，以下となる．

$$I_F = I_S \left\{ \exp\left(\frac{V_D}{nV_T}\right) - 1 \right\} \approx 10^{-14} \left\{ \exp\left(\frac{0.6}{0.026}\right) \right\} \approx 0.11\,\text{mA}$$

$$I_F = 10^{-14} \exp\left(\frac{0.7}{0.026}\right) \approx 4.9\,\text{mA}$$

$$I_F = 10^{-14} \exp\left(\frac{0.8}{0.026}\right) \approx 231\,\text{mA}$$

この結果からは，オン状態のシリコンダイオードの順電圧は常に $0.7\,\text{V}$ 程度にあることがわかる．

✏️ 練習問題

3.1 300 K でのシリコンダイオードの飽和電流 $I_S = 1 \times 10^{-13}\,\text{A}$ とする．このダイオードに $1\,\text{mA}$ を流すときの V_D を求めよ．ただし，式 (3.1) の熱電圧 $V_T = 26\,\text{mV}$，係数 $n = 1$ とする．

3.2 図 3.5 の回路において $V_{CC} = 5\,\text{V}$，$R = 2\,\text{k}\Omega$ とする．シリコンダイオードの順電圧が $0.6\,\text{V}$，$0.7\,\text{V}$，$0.8\,\text{V}$ のとき，それぞれ電流 I_F を求めよ．

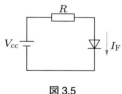

図 3.5

3.2.3 逆方向特性（ツェナー・ダイオード）

ダイオードに逆電圧を印加しても電流は流れない，と考えてよいが，厳密にはごくわずかの飽和電流 I_S が流れる．この逆電流は，逆電圧を大きくしてもほとんど一定である（図 3.6）．

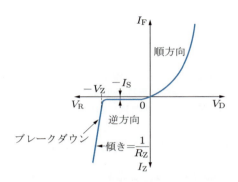

図 3.6　ダイオードの電圧電流特性

しかし，逆電圧をさらに高くすると，ある電圧から急激に逆電流が流れ始める（ブレークダウン）．この現象を**ツェナー降伏**（Zener breakdown）または**なだれ降伏**（avalanche breakdown）とよぶ．ブレークダウンを開始すると，**降伏電圧**（breakdown voltage）$-V_Z$ は，電流値が変化してもほぼ一定となる．

この降伏特性を積極的に利用した素子が**ツェナー・ダイオード**（Zener diode，定電圧ダイオード）である．ツェナー・ダイオードには 2〜50 V の多くの種類がある．

図 3.6 のブレークダウン電圧の傾きは，ツェナー・ダイオードの動作抵抗 R_Z を表す．動作抵抗が 0 であれば，ブレークダウン特性は y 軸と平行になる（電圧が変化しても電流は変化しない）が，実際には多少の傾きがある．ツェナー・ダイオードの動作抵抗は数〜数十 Ω である．

図 3.7 にツェナー・ダイオードを使用した定電圧回路を示す．ツェナー・ダイオード電圧 V_R は，ツェナー・ダイオード電流を I_Z とすると，以下となる．

$$V_R = V_Z + I_Z \cdot R_Z \tag{3.3}$$

図 3.7 の回路は，電源回路の基準電圧や，アンプ回路のバイアス電流設定などに使用される．なお，ツェナー・ダイオードの回路図記号は，逆方向特性を利用するため△印が電流の向きとは逆になっている．

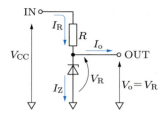

図 3.7 ツェナー・ダイオードを使用した定電圧回路

 練習問題

3.3 図 3.7 の回路で，無負荷時のダイオード電流 I_Z を求める式はどうなるか．

3.4 あるツェナー・ダイオードの動作抵抗を $10\,\Omega$ とする．$10\,\text{mA}$ のツェナー電流 I_Z が流れるときの端子電圧が $10.000\,\text{V}$ とすれば，$1\,\text{mA}$ では何 V となるか．

3.2.4 フォトダイオードとインターフェース回路

　フォトダイオード（photodiode）は，受光素子である．pn 接合に入る光子が電子を価電子帯に励起し，電子・ホール対を発生させる．発生した電子とホールは内蔵電位の力を受けて動き，光電流（photocurrent）を作り出す（図 3.8）．フォトダイオードは，光の強さに比例した電流を取り出すことができるためにカメラの露出計などに利用されている．

　図 3.9 にフォトダイオードの光電流を電圧に変換する I/V コンバータ回路を示す．フォトダイオードの出力電流は µA 以下と極めて小さいため，大きな R_f を用いて電圧に変換する．微少な電流を扱うため，オペアンプは，入力バイアス電流，入力オフセット電流の小さな JFET 入力型を使用する．温度ドリフトが大きければ出力が変動するため，温度係数の小さなオペアンプを選定する必要がある．

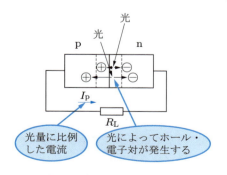

図 3.8 光電流-電圧変換回路

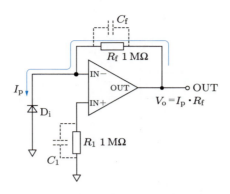

図 3.9　フォトダイオード・インターフェース回路

R_1 は，入力バイアス電流のドリフトによる出力変動を最小とするため，R_f と同じ値を用いる．高周波ノイズを防ぐために R_1 に C_1 を，R_f に C_f を並列に使用してローパス・フィルタを構成し，帯域幅を制限する．

3.3　トランジスタ

pnp あるいは npn と二つの pn 接合をもつ素子がトランジスタである．p 形と n 形の 2 種類の半導体でできているためバイポーラ・トランジスタともよばれる．英語では"接合"を含めて Bipolar Junction Transistor，略して BJT と記される．信号増幅を担う主力素子である．

図 3.10 にトランジスタの基本構造を示す．トランジスタの三つの端子はベース (base, B)，コレクタ (collector, C)，エミッタ (emitter, E) とよばれる．回路図記号ではエミッタの矢印の向きによって pnp あるいは npn を識別できる．矢印は電流の向きを表す．

図 3.10 は上から下に向かう電流の向きとなるように，pnp と npn トランジスタでエミッタとコレクタの上下を逆に示している．pnp トランジスタと npn トランジスタでは，電流と電圧の向きが逆になる．pnp 形ではエミッタに電流 I_E が流れ込み，ベースから I_B が，コレクタから I_C が流れ出す．npn 形ではベースから I_B が，コレクタから I_C が流れ込み，エミッタから I_E が流れ出す．pnp トランジスタは多数キャリアであるホールをエミッタから放出し，コレクタで集める．これに対して npn トランジスタは，多数キャリアの電子をエミッタから放出し，コレクタで集める．両者は多数キャリアと少数キャリアが逆になるだけで，動作原理は同じと考えればよい（厳密にはホールは電子に比べて移動速度が遅いため，pnp トランジスタの動作が若干遅い）．

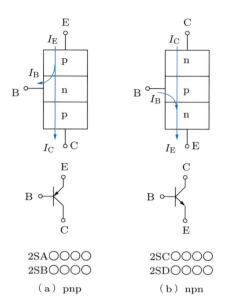

図 3.10　トランジスタの基本構造と回路図記号

日本製のトランジスタは，電子情報技術産業協会（JEITA，旧日本電子機械工業会 EIAJ）の規定によって 2SA, 2SB の型番をもつものが pnp タイプ，2SC, 2SD が npn タイプとなっている．

3.3.1　トランジスタの基本動作

図 3.11 は，npn トランジスタを動作させるためにベース–エミッタ間に**バイアス電圧**を加えた状態である．このようにトランジスタが増幅できるようにバイアスされた状態を**能動状態**とよぶ．ここでベース–エミッタ（BE）間の pn 接合は**順方向バイアス**であり，ベースからエミッタへホールが，エミッタからベースへ電子が流れる．

BE 間を考えれば，これはダイオードに順電圧を加えた状態と同じである．もしもコレクタに何も接続されていなければエミッタ電流 I_E =ベース電流 I_B であり，ダイオードそのものの特性となる．

$$I_E (= I_B) = I_S \left\{ \exp\left(\frac{V_{BE}}{nV_T} \right) - 1 \right\} \tag{3.4}$$

ところで，コレクタ–エミッタ間には電圧 V_{CE} が印加されている．エミッタから放出された電子はベースへ流れ込み，一部はホールと結合してベース電流となるが，大

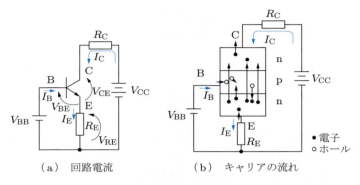

（a）回路電流　　　（b）キャリアの流れ

図 3.11　トランジスタの基本動作

部分はクーロン力によってコレクタに引き寄せられる．BC 間の pn 接合はホールには逆方向となるが，ベースに到達した電子にはそうではない．これを通り抜けてコレクタへと達する．エミッタを出発した電子のコレクタ到達率は 98 〜 99.99% である．

電流で考えれば，エミッタから流れ出す電流 I_E は，ほとんどすべてがコレクタ電流 I_C としてトランジスタに流れ込んだものである．ここでコレクタ電流とエミッタ電流の比 α を**ベース接地電流ゲイン**と定義する．

$$\alpha = \frac{I_C}{I_E} \tag{3.5}$$

α は 0.98 〜 0.9999 程度と，1 に近いけれども，1 より小さな数となる．

それぞれの端子電流は以下の関係となる．

$$I_E = I_B + I_C \tag{3.6}$$

式 (3.5)，(3.6) より，I_B と I_C の関係を α を用いて表せば，以下となる．

$$I_C = \frac{\alpha}{1-\alpha} I_B = \beta \cdot I_B = h_{FE} \cdot I_B \tag{3.7}$$

ここに，β または h_{FE} を**エミッタ接地電流ゲイン**とよぶ．

$$h_{FE}(=\beta) = \frac{I_C}{I_B} \tag{3.8}$$

トランジスタの h_{FE} は 50 〜 10000 程度である．なお，h_{FE} は同じ型番のトランジスタであっても製造上のばらつきのため 1 〜 5 倍程度の誤差がある．

さて，コレクタ・エミッタ間電圧 V_{CE} が印加されても，コレクタ電流 I_C（エミッタ電流 I_E）を決めるパラメータは V_{BE} であって V_{CE} ではない．式で記述すれば，以下となる．

$$I_C = I_S \cdot \exp\left(\frac{V_{BE}}{V_T}\right) \approx I_E \tag{3.9}$$

式 (3.9) に示されるように，トランジスタの I_C は V_{BE} によって可変される．言い換えれば，トランジスタはベース・エミッタ間電圧 V_{BE} によってコレクタ電流 I_C をコントロールする素子である．モデルで表せば図 3.12 のようになる．

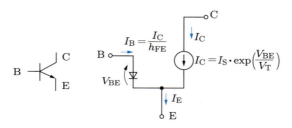

図 3.12　トランジスタモデル（直流）

式 (3.8) からはトランジスタは，I_B を h_{FE} 倍する素子にも思われるが，そうではなく，I_C を流すために I_B を必要とする素子と考えた方がわかりやすい．

なお，図 3.11 で $V_{BB} = 0$ とすれば，当然 $V_{BE} = 0$ となるから $I_B = 0$ となり，コレクタ電流 $I_C = 0$ となる．このように電流が流れない状態を**カットオフ**（cut-off）または遮断状態という．

例題 3.2

ベース・エミッタ間電圧が 600 mV から +60 mV 増加したとき，コレクタ電流は何倍に増えるか．$V_T = 26$ mV とする．

解　式 (3.9) より

$$\frac{I_S \cdot \exp\left(\dfrac{V_{BE} + 60\text{ mV}}{V_T}\right)}{I_S \cdot \exp\left(\dfrac{V_{BE}}{V_T}\right)} = \frac{\exp\left(\dfrac{600\text{ mV} + 60\text{ mV}}{26\text{ mV}}\right)}{\exp\left(\dfrac{600\text{ mV}}{26\text{ mV}}\right)} \approx 10.05$$

となり，約 10 倍に増加する．

練習問題

3.5 300 K でのトランジスタの $I_S = 1 \times 10^{-14}$ A とする．$V_{BE} = 0.5$ V，0.6 V，0.7 V のときのエミッタ電流を求めよ．

3.3.2 直流電流の計算法

トランジスタ回路では，最初にエミッタ電流 I_E を求める．図 3.11 (a) の回路では，エミッタ抵抗 R_E に加わる電圧 V_{RE} によって I_E が定まる．

$$I_E = \frac{V_{RE}}{R_E} = \frac{V_{BB} - V_{BE}}{R_E} \tag{3.10}$$

式 (3.9) からは，V_{BE} から直接に I_E を計算できるはずである．もちろん可能である．しかし式 (3.9) は指数関数であり，V_{BE} のほんのわずかの誤差が I_E を何十倍にも変えてしまうことと，I_S は 5℃ で約 2 倍になるように温度による影響が著しく，実用的な計算結果とはなりにくい．一方，エミッタ抵抗 R_E に流れる電流は，この抵抗に加わる電圧に比例する．つまり，この回路では V_{RE} がわかれば I_E が求まる．

図 3.13 (a) にトランジスタの I_C-V_{BE} 特性例を示す．図より $V_{BE} = 0.7$ V で $I_C =$ 約 4 mA である．温度によって I_C は変化するが，$V_{BE} = 0.7$ V であれば $I_C = 1 \sim 10$ mA くらいとなる．したがって，$V_{BE} = 0.7$ V と定数扱いしても，実用上十分な計算結果が得られる．

エミッタ電流が求まれば，次にコレクタ電流を考える．$I_C = \alpha I_E$ である．しかし，α はほとんど 1 である．α 倍はしなくても誤差はせいぜい 1% でしかない．

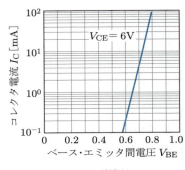
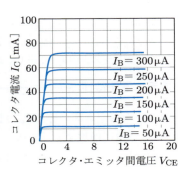

（a）コレクタ電流対ベース・エミッタ間電圧特性

（b）コレクタ電流対コレクタ・エミッタ間電圧特性

図 3.13　2SC1815 の特性（データ・シート (3) より）

$$I_C = \alpha I_E = \frac{h_{FE}}{1+h_{FE}} I_E \approx I_E \qquad (3.11)$$

最後にエミッタ接地電流ゲイン h_{FE} でわり算してベース電流 I_B を求める．

$$I_B = \frac{I_C}{h_{FE}} \qquad (3.12)$$

📘 例題 3.3

図 3.11 (a) の回路で，$V_{BB} = 1.5\,\text{V}$，$R_E = 500\,\Omega$，トランジスタの $h_{FE} = 600$ のとき，エミッタ電流，コレクタ電流，ベース電流を求めよ．$V_{BE} = 0.6\,\text{V}$ とする．

解 式 (3.10) より以下となる．

$$I_E = \frac{1.5 - 0.6}{500} = 1.8\,\text{mA}$$

式 (3.11) より以下となる．

$$I_C = \frac{600}{1+600} 1.8\,\text{mA} \approx 1.8\,\text{mA}$$

式 (3.12) より以下となる．

$$I_B = \frac{I_C}{h_{FE}} = \frac{1.8\,\text{mA}}{600} = 3.0\,\mu\text{A}$$

✏️ 練習問題

3.6 例題 3.3 の条件で，$V_{BE} = 0.5\,\text{V}$ としたときおよび $V_{BE} = 0.7\,\text{V}$ としたときのエミッタ電流，コレクタ電流，ベース電流を求めよ．

3.7 図 3.11 (a) の回路で，$V_{BB} = 1.0\,\text{V}$，$V_{CC} = 10\,\text{V}$，$R_E = 50\,\Omega$，$h_{FE} = 500$ のとき
(1) エミッタ電流，コレクタ電流，ベース電流を求めよ．
(2) コレクタ電位が $0.5\,V_{CC}$ になるよう R_C の値を定めよ．

3.8 $h_{FE} = 50$ のトランジスタの $I_C = 1\,\text{mA}$ である．I_B，I_E を求めよ．

3.3.3 電流・電圧特性

図 3.13 (b) にトランジスタの I_C–V_{CE} 特性の一例を示す．V_{CE} が 0 近傍では，コレクタ電流は 0 から急速に増加する．このエリアを**飽和領域** (saturation region) とよぶ．また，コレクタ電流の傾きが緩やかになる領域を**能動領域** (forward-active region) とよぶ．

飽和領域と能動領域の境目となる V_{CE} を**コレクタ飽和電圧** $V_{CE(sat)}$ とよぶ．小信号用トランジスタの $V_{CE(sat)}$ は 0.1〜1.0 V 程度である．トランジスタがオンするためには，

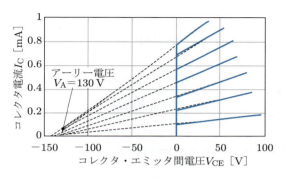

図 3.14　アーリー効果とアーリー電圧

$V_{CE(sat)}$ 以上の V_{CE} が必要である.

能動領域では，I_C はおおむね I_B によって定まる．ところで，もしも I_C は I_B だけで決まるなら，特性曲線は水平になるはずである．しかし，実際には V_{CE} の増加も I_C を増加させる．

能動領域での特性曲線を x 軸に向かって伸ばすと，マイナス上のある 1 点で収束する．図 3.14 はあるトランジスタの特性曲線に作図したものであるが，多少のばらつきが見られるものの，V_{CE} は −130 V 近辺で x 軸と交わっている．この $I_C = 0$ A となる仮想的な $-V_{CE}$ を**アーリー電圧**（Early voltage），I_C の V_{CE} 依存性を**アーリー効果**（Early effect）とよぶ．シリコン・トランジスタのアーリー電圧 V_A は，50 〜 300 V 程度である[1]．

アーリー効果を式で表せば，図 3.14 より次式となる．

$$V_A = \frac{I_C}{\frac{\Delta I_C}{\Delta V_{CE}}} \tag{3.13}$$

式 (3.9) にアーリー効果を含めると以下となる．

$$I_C = I_S \exp\left(\frac{V_{BE}}{V_T}\right) \cdot \left(1 + \frac{V_{CE}}{V_A}\right) \tag{3.14}$$

---

[1] npn トランジスタのアーリー電圧はマイナス値であるが，pnp トランジスタではプラス値である．どちらの極性でもアーリー電圧はプラスの値とする．

練習問題

3.9 $h_{FE} = 200$ のトランジスタが $V_{CE} = 1\,\text{V}$ において $I_C = 1\,\text{mA}$ である．V_{BE} が変化しないとして，アーリー電圧
(1) $V_A = 75\,\text{V}$
(2) $V_A = 150\,\text{V}$
のとき，$V_{CE} = 10\,\text{V}$ におけるコレクタ電流を求めよ．

3.3.4 トランジスタモデル

これまで，トランジスタ回路の直流電圧と電流を考えてきた．トランジスタを動作させるためには，バイアス電圧 V_{BE} やコレクタ電流 I_C などの直流パラメータを設計しなければならない．ところが増幅回路を設計するためには，これらの直流パラメータによって定まる交流パラメータも考えなければならない．

交流パラメータとは信号の変化分，すなわち直流成分を除外した交流成分である．たとえば，図 3.15 (a) に示すように，抵抗 R の電圧と電流は比例する．いうまでもなくグラフは原点を通る直線となる．これに対して原点を通らない直線として，電圧の変化分 ΔV に対する電流の変化分 ΔI を考えることができる．この $\Delta V / \Delta I$ が交流抵抗 r である．

また，図 3.15 (b) に示すようにゲインも，入力電圧の変化 ΔV_i に対する出力電圧の変化 ΔV_o と考えることができる．慣習として，直流を含むゲインも交流ゲインも，どちらも大文字 G で表す．

トランジスタ回路の設計では，交流抵抗や交流ゲインを考えるが，このためにはトランジスタの小信号モデルを用いた小信号等価回路が便利である．図 3.16 にトランジスタの小信号モデルを示す．小信号モデルは，能動領域にあるトランジスタの動作

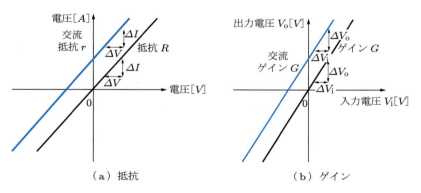

(a) 抵抗   (b) ゲイン

図 3.15　直流特性と交流的特性

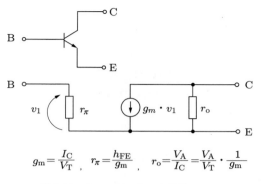

図 3.16 トランジスタの小信号モデル

をシミュレートする等価回路である．図 3.12 のトランジスタモデルは直流バイアスを含んだものであったが，図 3.16 のモデルは交流成分のみを扱う．入力となるベース・エミッタ間には入力抵抗 r_π があり，r_π に印加される入力電圧 v_1 によって，出力であるコレクタ・エミッタ間の電圧制御電流源 $g_m \cdot v_1$ をコントロールする．電圧を入力して電流を出力するトランスコンダクタンス (transconductance) モデルである．

図 3.16 のモデルの入力抵抗 r_π を考える．ベース電流 I_B の微小変化 ΔI_B に対する V_{BE} の微小変化 ΔV_{BE} より，

$$r_\pi = \frac{\Delta V_{BE}}{\Delta I_B} \tag{3.15}$$

と定義する．ここで式 (3.9) より

$$V_{BE} = V_T \ln\left(\frac{I_C}{I_S}\right) = V_T \ln\left(\frac{h_{FE} I_B}{I_S}\right) \tag{3.16}$$

である．式 (3.16) の両辺を I_B で微分[1]すると，h_{FE}，I_S は定数項として消える[2]．

$$\frac{dV_{BE}}{dI_B} = \frac{V_T}{I_B} \tag{3.17}$$

式 (3.17) は式 (3.15) と同じであるから，以下となる．

---

[1] $y = \log_a(x)$ のとき $dy/dx = 1/(x \log(a))$，$a = e$ ならば $y = \ln(x)$，$dy/dx = 1/x$

[2] $\ln\left(\dfrac{h_{FE} I_B}{I_S}\right) = \ln(h_{FE}) + \ln(I_B) - \ln(I_S)$

3.3 トランジスタ

$$r_\pi = \frac{\Delta V_{BE}}{\Delta I_B} = \frac{V_T}{I_B} = \frac{V_T}{I_C} h_{FE} \tag{3.18}$$

トランジスタは，ベース電圧の変化 ΔV_{BE} を入力として，コレクタ電流の変化 ΔI_C を出力とする素子と考える．この二つのパラメータを結びつけるトランスコンダクタンス g_m は式 (3.18) より以下となる．

$$g_m = \frac{\Delta I_C}{\Delta V_{BE}} = \frac{I_C}{V_T} \tag{3.19}$$

式 (3.2) に示したように常温では $V_T \approx 26$ mV であるから，次のように計算に用いる．

$$g_m = \frac{I_C}{V_T} \approx 38.5 \cdot I_C \quad [S] \tag{3.20}$$

式より明らかなように，<u>トランジスタの g_m はコレクタの直流電流 I_C によって定まる</u>．
式 (3.18) に式 (3.19) を代入して g_m を用いて入力抵抗 r_π を表すことができる．

$$r_\pi = \frac{h_{FE}}{g_m} \tag{3.21}$$

<u>入力抵抗 r_π はコレクタ電流 I_C（トランスコンダクタンス g_m）に反比例し，電流ゲイン h_{FE} に比例する</u>．
出力抵抗 r_o は，図 3.14 に示す V_{CE}-I_C 特性カーブの傾きである．式 (3.13) より，

$$r_o = \frac{\Delta V_{CE}}{\Delta I_C} \approx \frac{V_A}{I_C} \tag{3.22}$$

となる．式 (3.22) に式 (3.19) を代入して以下となる．

$$r_o = \frac{V_A}{I_C} = \frac{V_A}{V_T} \cdot \frac{1}{g_m} \tag{3.23}$$

コレクタ電流 I_C を大きくすると出力抵抗 r_o は反比例して減少する．ここで I_C は，0.数 m～数十 mA 程度である．このとき r_o は数 k～数百 kΩ となる．したがって図 3.16 のモデルは電流源に r_o が並列に接続されているが，r_o が大きいため，電流出力と考えてよい．

このように g_m，r_π，r_o はいずれも交流パラメータであるが，直流である I_C によって値が決まる．

例題 3.4

$I_C = 1$ mA, $h_{FE} = 200$, $V_A = 150$ V のトランジスタのトランスコンダクタンス，入力抵抗，出力抵抗を求めよ．

解 式 (3.20) より以下となる．

$$g_m = 38.5 \times 1 \text{mA} = 3.85 \times 10^{-2} \text{ S}$$

式 (3.21) より以下となる．

$$r_\pi \approx \frac{200}{3.85 \times 10^{-2}} \approx 5.19 \text{ k}\Omega$$

式 (3.23) より以下となる．

$$r_o = \frac{V_A}{I_C} = \frac{150}{1 \text{ mA}} = 150 \text{ k}\Omega \text{ または } r_o = \frac{V_A}{V_T \cdot g_m} \approx \frac{150}{26 \text{ mA} \cdot 3.85 \times 10^{-2}} \approx 150 \text{ k}\Omega$$

3.3.5 エミッタ接地回路

図 3.16 の等価回路からは，トランジスタはベース・エミッタ間に加えられた電圧をコレクタ電流に変換する素子と考えられる．しかし，出力は電流信号としてではなく電圧信号として得たい．そこで電流を（負荷）抵抗に流して電圧に変換する．

図 3.17 (a) はベース・エミッタ間に入力交流電圧信号を加え，コレクタからの電流信号をコレクタ抵抗 R_C によって出力交流電圧信号に変換する**エミッタ接地回路**[1]である．

トランジスタでは，入力電圧 v_1 がプラスになればコレクタ電流 i_c は大きくなる．i_c が大きくなれば，R_C での電圧降下も大きくなる．したがって，コレクタ端子の電圧 V_o はマイナス方向に振れる．つまり，コレクタにはベースと逆位相の信号が現れる．エミッタ接地回路は反転アンプである．

図 3.17 (a) の回路の小信号等価回路を図 3.17 (b) に示す．小信号等価回路を得る手順は，

　①直流電源をすべて短絡する（直流を無視する）．

電源を短絡すると，$+V_{CC}$ の線も GND 線と共通になる．次に，

　②トランジスタを図 3.16 のモデルで置き換える．

以上である．

図 3.17 (b) からわかるように，信号源 v_i からの電流 i_i は入力抵抗 r_π を流れてエミッタへと流れる．このとき r_π に生じる電圧が v_1 である．ここでは $v_1 = v_i$ である．コレ

---

[1] 日本では入力と出力に共通になる"基準"を接地とよび，「エミッタ接地」のようによぶが，英語では「共通エミッタ (common emitter)」である．本書でも慣習に従い「エミッタ接地」とよぶが，エミッタは，たいていは GND に接続されていないから，「共通エミッタ」のほうがふさわしいよび方であろう．

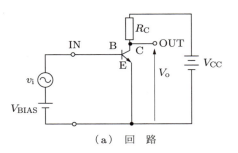

（a）回路

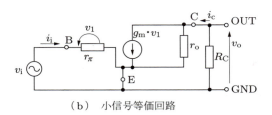

（b）小信号等価回路

図 3.17　エミッタ接地回路

クタ抵抗 R_C へは電圧制御電流源 $g_m \cdot v_1$ から電流が供給される．したがって，エミッタ接地回路の出力電圧 v_o は，$g_m \cdot v_1$ にトランジスタの出力抵抗 r_o と R_C の並列値をかけたものとなる．

$$v_o = -g_m v_1 (R_C \parallel r_o) = -g_m (R_C \parallel r_o) v_i \tag{3.24}$$

これより電圧ゲイン a_v が求まる．

$$a_v = \frac{v_o}{v_i} = -g_m (R_C \parallel r_o) \tag{3.25}$$

電流ゲイン a_i は出力 OUT を GND に短絡したとき $i_c = g_m \cdot v_1$ であることより求める．

$$a_i = \frac{i_c}{i_i} = \frac{g_m v_1}{\dfrac{v_1}{r_\pi}} = g_m r_\pi = h_{FE} \tag{3.26}$$

回路の出力抵抗 R_o は，出力端子から見た交流的な抵抗値である．電流源のインピーダンスは∞であるから，残るは r_o と R_C の並列回路となる．

$$R_o = (R_C \parallel r_o) \tag{3.27}$$

例題 3.5

図 3.17 (a) の回路において,$R_C = 5\,\text{k}\Omega$,コレクタ電流 $I_C = 1\,\text{mA}$,トランジスタの電流ゲイン $h_{FE} = 100$,アーリー電圧 130 V,温度 27℃ としたときの,回路の入力抵抗,出力抵抗,電圧ゲイン,電流ゲインを求めよ.

解 トランジスタの入力抵抗 r_π は式 (3.21) より

$$r_\pi = \frac{h_{FE}}{g_m} = \frac{100}{38.5 \times 1\,\text{mA}} \approx 2.60\,\text{k}\Omega$$

であり,そのまま回路の入力抵抗となる.
トランジスタの出力抵抗は式 (3.23) より求める.

$$r_o = \frac{V_A}{I_C} = \frac{130\,\text{V}}{1\,\text{mA}} = 130\,\text{k}\Omega$$

式 (3.27) より回路の出力抵抗を求める.

$$R_o = (R_C \parallel r_o) = (5\text{k} \parallel 130\text{k}) \approx 4.81\,\text{k}\Omega$$

電圧ゲインは式 (3.25) より求める.

$$a_v = -g_m(R_C \parallel r_o) = -38.5\,\text{m} \times 4.81\,\text{k} = -185.2$$

電流ゲインは式 (3.26) より以下となる.

$$a_i = h_{FE} = 100$$

練習問題

3.10 図 3.17 (a) の回路において,$R_C = 10\,\text{k}\Omega$,コレクタ電流 $I_C = 0.5\,\text{mA}$,トランジスタの $h_{FE} = 200$,アーリー電圧 150 V,温度 27℃ としたときの,回路の入力抵抗,出力抵抗,電圧ゲイン,電流ゲインを求めよ.

3.3.6 エミッタ抵抗のあるエミッタ接地回路

次に,エミッタ抵抗を使用したときを考えてみよう (**図 3.18 (a)**).エミッタ抵抗 R_E はエミッタ電流を安定させるようはたらくため,ほとんどの回路で用いられている.図 3.18 (a) の回路の小信号等価回路は図 3.18 (b) となる.ここで R_E を大きな値とすると回路の電圧ゲインを大きくできないため,$r_o \gg R_E$ となる.したがって,$r_o = \infty$ と考えればエミッタ抵抗 R_E の電流 i_{RE} は,

$$i_{RE} = i_b + g_m \cdot v_1 = i_b + h_{FE} \cdot i_b = (1 + h_{FE})i_b \tag{3.28}$$

となる.つまり,エミッタ抵抗 R_E には入力電流 i_b に対して $(1+h_{FE})$ 倍の電流が流れる.Δ抵抗 =(Δ電圧/Δ電流)であるから,<u>入力 v_i からは,v_{RE} が $(1+h_{FE})$ 倍になるため抵抗 R_E が $(1+h_{FE})$ 倍に増加しているように見える</u>.回路の入力抵抗 R_i は,

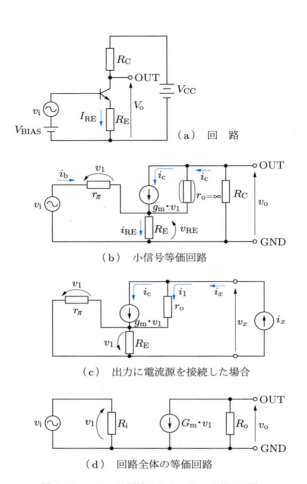

図 3.18　エミッタ抵抗のあるエミッタ接地回路

$$R_\mathrm{i} = r_\pi + (1+h_\mathrm{FE})R_\mathrm{E} \tag{3.29}$$

である．式 (3.29) で $(1+h_\mathrm{FE}) \approx h_\mathrm{FE}$ とみなし，式 (3.21) を代入すると以下となる．

$$R_\mathrm{i} \approx (1+g_\mathrm{m}R_\mathrm{E})r_\pi \tag{3.30}$$

エミッタ抵抗によって，回路の入力抵抗は等価的に $(1+g_\mathrm{m}R_\mathrm{E})$ 倍となる．

また，入力電圧 v_i は v_1 とエミッタ抵抗の電圧 v_RE の和であるから

$$v_\mathrm{i} = v_1 + (1+h_\mathrm{FE})i_\mathrm{b} \cdot R_\mathrm{E} \tag{3.31}$$

となる．ここでも $(1+h_\mathrm{FE}) \approx h_\mathrm{FE}$ とみなして式 (3.21) を代入すると以下を得る．

$$v_{\mathrm{i}} \approx v_1 + r_\pi \cdot g_{\mathrm{m}} \frac{v_1}{r_\pi} \cdot R_{\mathrm{E}} = v_1\left(1 + g_{\mathrm{m}} R_{\mathrm{E}}\right) \tag{3.32}$$

これより，回路のトランスコンダクタンス G_{m} が求まる．

$$G_{\mathrm{m}} = \frac{i_{\mathrm{c}}}{v_{\mathrm{i}}} = \frac{g_{\mathrm{m}} v_1}{v_1\left(1 + g_{\mathrm{m}} R_{\mathrm{E}}\right)} = \frac{g_{\mathrm{m}}}{1 + g_{\mathrm{m}} R_{\mathrm{E}}} \tag{3.33}$$

G_{m} は，トランジスタの g_{m} の $1/(1+g_{\mathrm{m}} R_{\mathrm{E}})$ 倍である．

次に，エミッタ抵抗がある場合のトランジスタの出力抵抗 R'_{o} を，入力を0Vとして，出力に電流源 i_x を接続した図3.18(c) の等価回路で考えてみよう．入力が0Vであれば r_π と R_{E} は並列接続となり，ここに流れる i_x が電圧 v_1 を発生させる．

$$v_1 = -i_x\left(r_\pi \parallel R_{\mathrm{E}}\right) \tag{3.34}$$

r_{o} を流れる電流 i_1 は，以下である．

$$i_1 = i_x - g_{\mathrm{m}} v_1 = i_x + i_x\left(r_\pi \parallel R_{\mathrm{E}}\right) g_{\mathrm{m}} = i_x\left(1 + g_{\mathrm{m}}\left(r_\pi \parallel R_{\mathrm{E}}\right)\right) \tag{3.35}$$

電圧 v_x は，

$$v_x = -v_1 + i_1 r_{\mathrm{o}} \tag{3.36}$$

であるから，式(3.34)，(3.35) を式(3.36) に代入して，以下となる．

$$v_x = i_x\left(r_\pi \parallel R_{\mathrm{E}}\right) + i_x\left(1 + g_{\mathrm{m}}\left(r_\pi \parallel R_{\mathrm{E}}\right)\right) r_{\mathrm{o}} \tag{3.37}$$

これよりトランジスタの出力抵抗 R'_{o} は，

$$R'_{\mathrm{o}} = \frac{v_x}{i_x} = \left(r_\pi \parallel R_{\mathrm{E}}\right) + \left(1 + g_{\mathrm{m}}\left(r_\pi \parallel R_{\mathrm{E}}\right)\right) r_{\mathrm{o}} \tag{3.38}$$

となる．ここで，通常の回路では $r_\pi \gg R_{\mathrm{E}}$ であるから $(r_\pi \parallel R_{\mathrm{E}}) \approx R_{\mathrm{E}}$ とみなし，

$$R'_{\mathrm{o}} \approx R_{\mathrm{E}} + \left(1 + g_{\mathrm{m}} R_{\mathrm{E}}\right) r_{\mathrm{o}} \tag{3.39}$$

となる．さらに $r_{\mathrm{o}} \gg R_{\mathrm{E}}$ であるから式(3.39)の第1項を無視すると以下となる．

$$R'_{\mathrm{o}} \approx \left(1 + g_{\mathrm{m}} R_{\mathrm{E}}\right) r_{\mathrm{o}} \tag{3.40}$$

トランジスタの出力抵抗 r_{o} は R_{E} によって $(1+g_{\mathrm{m}} R_{\mathrm{E}})$ 倍となる．

回路の出力抵抗 R_{o} は，電流源抵抗は ∞ であるから R'_{o} と R_{c} から求まる．

$$R_\text{o} = (R'_\text{o} \parallel R_\text{C}) \approx R_\text{C} \tag{3.41}$$

以上の回路パラメータ G_m, R_i, R_o を用いた等価回路が図 3.18 (d) である．これより回路の電圧ゲイン A_v は以下となる．

$$A_\text{v} = -G_\text{m} R_\text{o} \approx -G_\text{m} R_\text{C} \tag{3.42}$$

R_E はトランスコンダクタンス g_m を $1/(1+g_\text{m}R_\text{E})$ 倍に減じるが，入力抵抗 r_π と出力抵抗 r_o をそれぞれ $(1+g_\text{m}R_\text{E})$ 倍する．

練習問題

3.11 図 3.18 (a) の回路で $V_\text{CC} = 10\,\text{V}$, $R_\text{E} = 47\,\Omega$, $R_\text{C} = 4.7\,\text{k}\Omega$, $I_\text{C} = 1\,\text{mA}$, $h_\text{FE} = 200$, $V_\text{A} = 150\,\text{V}$ のとき，回路のトランスコンダクタンス，入力抵抗，出力抵抗，電圧ゲインおよび電圧ゲインの dB 値を求めよ．27℃ とする．

3.3.7 ミラー効果と周波数特性

トランジスタには二つの pn 接合があるが，3.2 節で述べたように pn 接合の近傍にはキャリアの存在しない**空乏層**が生じる．このため，空乏層を挟んでプラスとマイナスのキャリアが向かい合うキャパシタを形成する．このキャパシタを**接合容量** (depletion-region capacitance) とよぶ．

図 3.19 (a) の回路の小信号等価回路を図 3.19 (b) に示す．図のトランジスタモデルでは，ベース・エミッタ間に存在する入力容量 C_π と，ベース・コレクタ間容量 C_f を考えている．ここで R_S は信号源抵抗である．解析のため $r_\text{o} \gg R_\text{C}$ とする．図 3.19 (b) のモデルで C_f に流れる電流 i_1 は，次式となる．

$$i_1 = \frac{(v_1 - v_\text{o})}{\dfrac{1}{j\omega C_\text{f}}} = j\omega C_\text{f}(v_1 - v_\text{o}) \tag{3.43}$$

式 (3.24) より出力電圧 v_o が求まる．

$$v_\text{o} = -g_\text{m}(R_\text{C} \parallel r_\text{o})v_1 \approx -g_\text{m} R_\text{C} v_1 \tag{3.44}$$

式 (3.44) を式 (3.43) に代入して以下となる．

$$i_1 = j\omega C_\text{f}(1 + g_\text{m} R_\text{C})v_1 \tag{3.45}$$

これより，図 3.19 (b) の A–A′ 直線から右側を見たときのインピーダンス z_1 は次式と

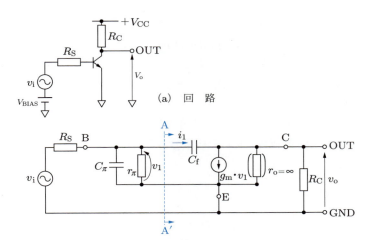

(a) 回路

(b) 容量を含めた小信号等価回路

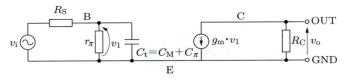

(c) ミラー容量に置き換えた小信号等価回路

図 3.19　エミッタ接地回路

なる．

$$z_1 = \frac{v_1}{i_1} = \frac{1}{j\omega(1+g_m R_C)C_f} \tag{3.46}$$

ここで，$(1+g_m R_C)$ を定数と考えれば式 (3.46) は，$1/j\omega C$ の形である．したがって，$C_f(1+g_m R_C)$ は 1 個のキャパシタンス C_M とみなすことができる．

$$C_M = (1+g_m R_C)C_f \tag{3.47}$$

式 (3.44) の絶対値をとり，式 (3.47) に代入すれば，

$$C_M = (1+|a_v|)C_f \approx |a_v|C_f \tag{3.48}$$

式 (3.47) からは，入力 v_i が出力 $v_o = -a_v v_i$ となる反転アンプにおいて，ベース・コレクタ間容量 C_f は，等価的に $(1+g_m R_C)$ 倍されることがわかる．この現象を**ミラー効果** (Miller effect)，C_M を**ミラー容量** (Miller capacitance) とよぶ．そして式 (3.48) よ

り，C_M は C_f の|電圧ゲイン|倍となっている．つまり，反転アンプのフィードバック・ループにあるキャパシタンス C_f は，等価的に回路ゲイン $|a_v|$ 倍になる．これは式 (1.72) で見たアクティブ・フィルタと同じである．アクティブ・フィルタの帯域幅が a_v に反比例したように，エミッタ接地回路もカットオフ周波数は $|a_v|$ に反比例して減少する．

それでは図 3.19 (c) の等価回路でカットオフ周波数を求めてみよう．式 (3.46) よりミラー容量 C_M は，A-A′ 直線に沿った容量であるから入力容量 C_π と合わせて合成容量 C_t が求まる．

$$C_t = C_M + C_\pi \tag{3.49}$$

ここで，v_i は R_s，r_π，C_t で分圧されるので，次式となる．

$$v_1 = \frac{\left(r_\pi \parallel \dfrac{1}{j\omega C_t}\right)}{R_s + \left(r_\pi \parallel \dfrac{1}{j\omega C_t}\right)} v_i \tag{3.50}$$

式 (3.44) に式 (3.50) を代入して整理すれば，以下が求まる．

$$a_v = \frac{v_o}{v_i} = -g_m R_C \frac{\dfrac{r_\pi}{R_s + r_\pi}}{1 + j\omega C_t (R_s \parallel r_\pi)} \tag{3.51}$$

カットオフ周波数 f_c は分母の |実数項| = |虚数項| となる周波数である．

$$f_c = \frac{1}{2\pi C_t (R_s \parallel r_\pi)} \approx \frac{1}{2\pi C_M (R_s \parallel r_\pi)} \approx \frac{1}{2\pi |a_v| C_f (R_s \parallel r_\pi)} \tag{3.52}$$

例題 3.6

図 3.19 (b) の等価回路においてトランジスタの $g_m = 38.5$ mS，$r_\pi = 2.6$ kΩ，$C_\pi = 4$ pF，$C_f = 4$ pF，$R_C = 2$ kΩ としたときのミラー容量およびカットオフ周波数 f_c を求めよ．ただし信号源抵抗 $R_s = 200$ Ω とする．

解 ミラー容量は式 (3.47) より

$$C_M = (1 + g_m R_C) C_f = (1 + 38.5 \text{ m} \times 2 \text{ k}) \times 4 \text{ p} = 312 \text{ pF}$$

となる．カットオフ周波数は式 (3.52) より求める．

$$f_c = \frac{1}{2\pi C_t (R_s \parallel r_\pi)} = \frac{1}{2\pi \times (312 + 4) \text{p} \times (200 \parallel 2600)} \approx 2.71 \text{ MHz}$$

3.3.8 エミッタ・フォロワ（コレクタ接地回路）

エミッタ・フォロワ（emitter follower）は，オペアンプのボルテージ・フォロワと同じく，入力＝出力となる回路である（図3.20）．ただしトランジスタの場合には V_{BE} だけ電圧が低くなる．

$$V_O = V_{IN} - V_{BE} \tag{3.53}$$

図3.20（a）の回路の小信号等価回路は図（b）のようになる．等価回路より入力電流 i_i は，以下となる．

$$i_i = \frac{v_i - v_o}{R_S + r_\pi} \tag{3.54}$$

出力電圧 v_o は，

$$v_o = i_o R_L = (i_i + h_{FE} \cdot i_i) R_L = (1 + h_{FE}) i_i R_L \tag{3.55}$$

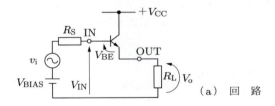

（a）回　路

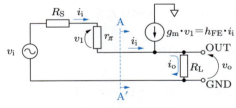

（b）小信号等価回路

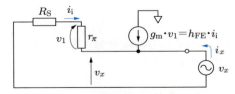

（c）出力に電流源を接続した場合

図3.20　エミッタ・フォロワ

であり，式 (3.55) に式 (3.54) を代入して，エミッタ・フォロワの電圧ゲイン A_v を得る．

$$A_v = \frac{v_o}{v_i} = \frac{1}{1 + \frac{R_S + r_\pi}{(1 + h_{FE})R_L}} \tag{3.56}$$

ここで，信号源抵抗 R_S は前段アンプの出力であれば小さいため無視し，$(1 + h_{FE}) \approx h_{FE}$ とすれば以下を得る．

$$A_v \approx \frac{1}{1 + \frac{1}{g_m R_L}} \approx 1 \tag{3.57}$$

電流ゲイン A_i は i_i と i_o から求められる．

$$A_i = \frac{i_o}{i_i} = (1 + h_{FE}) \tag{3.58}$$

次にエミッタ・フォロワの入力抵抗 R_i を求める．負荷抵抗 R_L には入力の $(1 + h_{FE})$ 倍の電流が流れるから，図 3.19 (b) の A–A′ 直線から右側を見たインピーダンス z_1 は，以下となる．

$$z_1 = \frac{v_o}{i_i} = \frac{(1 + h_{FE})i_i R_L}{i_i} = (1 + h_{FE})R_L \tag{3.59}$$

これより，エミッタ・フォロワの入力抵抗 R_i が求まる．

$$R_i = \frac{v_i}{i_i} = r_\pi + (1 + h_{FE})R_L \tag{3.60}$$

ここで負荷抵抗 R_L が小さく I_c が大きいとすれば，r_π は小さくなる．したがって R_i の近似式は以下と考えればよい．

$$R_i \approx (1 + h_{FE})R_L \tag{3.61}$$

次に，エミッタ・フォロワの出力抵抗 R_o は，図 3.20 (c) のように入力を 0 V として，出力に v_x を印加した状態から考える．

$$R_o = \frac{v_x}{i_x} = \frac{-(R_S + r_\pi)i_i}{-(1 + h_{FE})i_i} = \frac{R_S + r_\pi}{1 + h_{FE}} \tag{3.62}$$

ここでも r_π を無視すれば以下となる.

$$R_\mathrm{o} \approx \frac{R_\mathrm{S}}{(1+h_\mathrm{FE})} \tag{3.63}$$

以上のようにエミッタ・フォロワは,入力側から見れば負荷インピーダンスを $(1+h_\mathrm{FE})$ 倍する高入力インピーダンス回路であり,出力側から見れば信号源インピーダンスを $1/(1+h_\mathrm{FE})$ 倍する低出力インピーダンス回路である.電流増幅回路と考えることもできる.エミッタ・フォロワは出力回路,フィルタ回路など,前後の回路の相互影響を小さくしたいときに使用される.なお,ほとんどの場合エミッタ・フォロワは,4.1 節で述べる npn と pnp トランジスタを組み合わせたプッシュプル回路として使用される.

例題 3.7

図 3.20 (a) のエミッタ・フォロワ回路で,$h_\mathrm{FE}=100$,信号源抵抗 $R_\mathrm{s}=50\,\Omega$,負荷抵抗 $R_\mathrm{L}=10\,\Omega$,コレクタ電流 $I_\mathrm{C}=1\,\mathrm{A}$ としたときの入力抵抗,電圧ゲイン,出力抵抗を求めよ.

解 式 (3.20) より以下となる.

$$g_\mathrm{m} \approx 38.5 \cdot I_\mathrm{C} = 38.5 \times 1 = 38.5\,\mathrm{S}$$

式 (3.61) より入力抵抗を求める.

$$R_\mathrm{i} = (1+h_\mathrm{FE})R_\mathrm{L} = (1+100) \times 10 \approx 1010\,\Omega$$

式 (3.57) より電圧ゲインを求める.

$$A_\mathrm{v} = \frac{1}{1+\dfrac{1}{g_\mathrm{m}R_\mathrm{L}}} = \frac{1}{1+\dfrac{1}{38.5 \times 10}} \approx 0.997$$

式 (3.63) より出力抵抗を求める.

$$R_\mathrm{o} = \frac{R_\mathrm{S}}{1+h_\mathrm{FE}} = \frac{50}{1+100} \approx 0.495\,\Omega$$

3.4 FET

FET (Field Effect Transistor)[1] はゲート入力電流がバイポーラ・トランジスタ (BJT) のベース電流に比べて 3 桁以上小さく,BJT に比して高い入力抵抗が得られるトラン

---

1) FET:電界効果トランジスタ

ジスタである．FETは，入力電流を小さく抑えたい計測器回路やオペアンプの初段回路などに使用される．

FETにはいくつかのタイプがあるが，ここでは主要な2タイプであるジャンクション（接合型）FET（junction FET，JFET）およびMOS（metal-oxide semiconductor）FETについてその特徴を学ぶ．

3.4.1 JFET

図3.21にJFETの模式図と回路記号を示す．FETにもBJTと同じく二つのタイプがあり，それぞれnチャネル，pチャネルとよばれる．nチャネルはn形半導体の電流通路（channel）にp形半導体のゲート（gate）が，pチャネルはp形の電流通路にn形のゲートが，取り付けられた構造である．電流通路には多数キャリアの入口となるソース（source）と出口となるドレイン（drain）の二つの端子が取り付けられる．

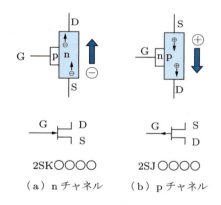

（a）nチャネル　　（b）pチャネル

図3.21　FETの基本構造と回路図記号

回路記号ではドレインとソースの区別はないが，これは構造的にドレインとソースの区別がないためである．なお，JEITAでは2SKの型番をnチャネル，2SJの型番をpチャネルと定めている．

図3.22にnチャネルJFETの構造例を示す．p形半導体のサブストレート（substrate，半導体結晶基盤）の上にn形を作りこれをチャネルとする．さらにチャネル上にドナー不純物の多いn^+エリアを作り，そこにドレインとソース電極を取り付ける．n形半

1）pn接合ではなく，金属とn形半導体を接合させたダイオード．カットイン電圧が約0.3Vと低いことから低損失回路に用いられる．

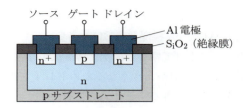

図 3.22　n チャネル JFET の構造

導体に直接電極を接続するとそこにダイオード（ショットキー・バリア・ダイオード[1]）が形成されるため，キャリアの多い n^+ エリアを介して電極を接続する．ゲートも同様に n チャネルに p エリアを作り，そこに電極を取り付ける．

JFET にゲートがなく，単なるドレインとソース間のチャネルだけであったら，ドレイン電圧 V_{DS} に電流 I_D が比例する"抵抗"である．FET は，ゲートに電圧を印加することによって，チャネル電流をコントロールする素子としてはたらく．動作を図 3.23 に示す．

ドレインにプラス電圧 V_{DS} を接続し，ゲートとソースをグランド電位（$V_{GS}=0\,V$）とした状態では，ゲート（およびサブストレート）とチャネル間の pn 接合は逆バイアスとなる（図 3.23(a)）．ダイオードに逆電圧を印加したときと同じであり，ゲートに電

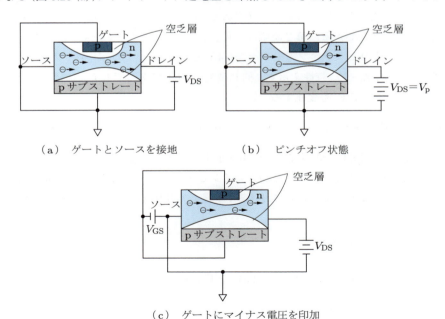

図 3.23　FET の電流制御

3.4　FET

流はほとんど流れない．わずかに流れる電流をゲート・リーク電流とよぶが，これはダイオードの飽和電流と同じく pA 程度と非常に小さい．

ドレイン電圧 V_{DS} を徐々に上げてゆくと，空乏層も広がり電子の通路は狭められるが，同時にチャネル内の電圧勾配が大きくなるためドレイン電流 I_D は増加する．そしてドレイン電圧 V_{DS} をさらに大きくすると，空乏層がチャネルを分断するほどに広がる（図 3.23 (b)）．この状態をピンチオフ (pinch-off) とよぶ．ピンチオフを超えると V_{DS} をさらに大きくしても，ドレイン電流 I_D はそれ以上に大きくなれず頭打ちとなる．ゲート電圧 $V_{GS}=0\,\text{V}$ のときの I_D の飽和値をドレイン**遮断電流**とよび I_{DSS} と表す[1]．I_{DSS} は JFET に流すことのできる電流の最大値である．

また，ゲートにマイナスの V_{GS} を印加すると，ゲートおよびサブストレートとチャネル間の逆電圧によって空乏層が広がり，チャネルは狭められる（図 3.23 (c)）．したがって，V_{GS} がマイナスになれば I_D は小さくなる．さらに V_{GS} をマイナスとすると，図 3.23 (b) と同様に空乏層がチャネルを遮断し $I_D=0$ となる．このときの V_{GS} を**ピンチオフ電圧**とよび V_P と表す．

図 3.24 に n チャネル JFET，2SK369 の特性を示す．図 3.24 (a) は第 1 象限に I_D-V_{DS} 特性，第 2 象限に I_D-V_{GS} 特性を示した図である．第 1 象限において V_{DS} により I_D が増加する領域を非飽和領域，I_D がほぼ一定となる領域を飽和領域とよぶ．飽和領域と非飽和領域の境界がピンチオフである．V_{GS} をマイナスにすることによって I_D が減少することがわかる．第 2 象限は，V_{DS} を一定としたときの $-V_{GS}$ による I_D の減少を示す．図よりピンチオフ電圧 $V_P=-0.4\,\text{V}$ とわかる．

図 3.24 (b) に I_D-V_{GS} 特性を示す．同じ型番の FET であっても I_{DSS} にばらつきが生じる．I_{DSS} によって V_P も変化する．

3.4.2 JFET モデル

図 3.25 (a) に JFET の低周波用モデルを示す．モデルは p チャネルおよび n チャネルの両者に使用できる．ゲートは高入力インピーダンスであるから，V_{GS} 電位を与えるだけの端子となる．飽和領域におけるドレイン電流 I_D は，以下となる．

$$I_D = I_{DSS}\left(1-\frac{V_{GS}}{V_P}\right)^2 \tag{3.64}$$

トランスコンダクタンス g_m は，式 (3.64) を V_{GS} で微分して，以下となる．

---

[1] I_D はドレイン電流，次の添字 S は基準となる端子．それに続く添字 S は第 3 の端子（この場合はゲート）が基準端子（ソース）とショートされていることを示す．

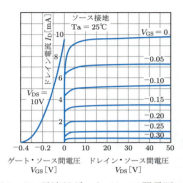

（a）ドレイン電流対ゲート・ソース間電圧，ドレイン・ソース間電圧特性（$I_{DSS} = 9.5\text{mA}$）

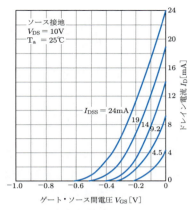

（b）ドレイン電流対ゲート・ソース間電圧特性（$V_{DS} = 10\text{V}, f = 1\text{kHz}$）

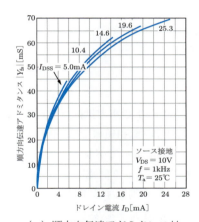

（c）順方向伝達アドミタンス対ドレイン電流特性

図3.24　2SK369の特性（データ・シート(4)より）

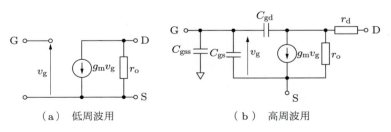

（a）低周波用　　　　　　（b）高周波用

図3.25　FETの小信号モデル

3.4　FET

$$g_\mathrm{m} = \frac{\mathrm{d}I_\mathrm{D}}{\mathrm{d}V_\mathrm{GS}} = -\frac{2I_\mathrm{DSS}}{V_\mathrm{P}}\left(1 - \frac{V_\mathrm{GS}}{V_\mathrm{P}}\right) \tag{3.65}$$

式 (3.65) に式 (3.64) を代入して次式を得る．

$$g_\mathrm{m} = -\frac{2\sqrt{I_\mathrm{DSS} \cdot I_\mathrm{D}}}{V_\mathrm{P}} \tag{3.66}$$

図 3.24 (c) はトランスコンダクタンス $|g_\mathrm{m}|$（＝順方向伝達アドミタンス $|Y_\mathrm{fs}|$）特性であるが，g_m は I_D の 1/2 乗の関数となる．また，図 3.24 (b) に示されるように，I_DSS によって V_p も変化するため，g_m のカーブはほぼ重なる．

サブストレートへの寄生容量，それぞれの接合容量を含めたモデルを図 3.25 (b) に示す．ここでドレイン抵抗 $r_\mathrm{d} = 50 \sim 100\,\Omega$，寄生容量 $c_\mathrm{gss} = 4 \sim 8\,\mathrm{pF}$，$c_\mathrm{gs}$，$c_\mathrm{gd}$ はそれぞれ $10 \sim 100\,\mathrm{pF}$ 程度である．

出力抵抗 r_o は次式となる．

$$r_\mathrm{o} = \frac{1}{\lambda I_\mathrm{D}} \tag{3.67}$$

係数 λ は $10^{-2}\,[\mathrm{V}^{-1}]$ 程度である．FET の出力抵抗は数百 $\mathrm{k}\Omega$ 以上となる．

図 3.24 (a) の特性からも，FET は（飽和領域では）ドレイン・ソース間電圧 V_DS ではなくてゲート・ソース間電圧 V_GS によってドレイン電流 I_D をコントロールする素子であることがわかる．コレクタ・エミッタ間電圧 V_CE ではなくてベース・エミッタ間電圧 V_BE によってコレクタ電流 I_C を制御する BJT と同じである（**図 3.26**）．しかし，BJT では I_C を流すためにベース電流 I_B を必要とするが，FET ではゲート電流を必要としない点，ベース電圧 V_BE とコレクタ電圧 V_CE は同極性であるのに対し，ゲート電圧 V_GS はドレイン電圧 V_DS と逆の極性である点が異なる．また，JFET ではゲート電流を流さないため，ゲート電圧は常に $0\,\mathrm{V}$ 以下でなくてはならない．

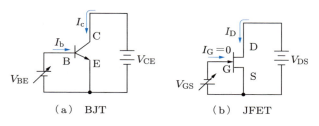

図 3.26　BJT と JFET

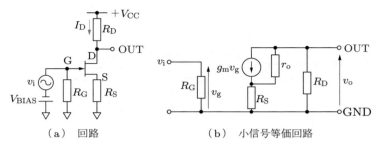

図 3.27 ソース接地回路

図 3.27 (a) にソース接地回路を，図 3.27 (b) に小信号等価回路を示す．BJT のエミッタ接地に相当する回路である．回路のトランスコンダクタンス G_m もエミッタ接地（式(3.33)）と同じようになる．

$$G_m = \frac{g_m}{1 + g_m R_S} \tag{3.68}$$

回路の入力インピーダンス R_i は，ゲート抵抗 R_G である．

$$R_i \approx R_G \tag{3.69}$$

出力抵抗は $r_o \gg R_D$ であるから，以下となる．

$$R_o \approx R_D \tag{3.70}$$

回路の電圧ゲイン A_v は次式となる．

$$A_v = -G_m \cdot R_D \tag{3.71}$$

練習問題

3.12 図 3.27 (a) のソース接地回路で $R_D = 5\ \mathrm{k\Omega}$，$R_S = 100\ \Omega$，$R_G = 100\ \mathrm{k\Omega}$ である．
(1) FET の $I_{DSS} = 5\ \mathrm{mA}$，$V_P = -1\ \mathrm{V}$，$V_{BIAS} = 0.2\ \mathrm{V}$ のとき，FET のトランスコンダクタンス g_m はいくらか．
(2) 回路の電圧ゲイン a_v を求めよ．

3.4.3 MOSFET

MOSFET も JFET と同じくゲート電圧によってドレイン電流をコントロールする素子であるが，その構造は異なる．図 3.28 にエンハンスメント・モード (enhance-

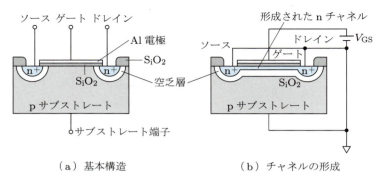

図 3.28　MOSFET

ment-mode) n チャネル MOSFET の構造を示す．

　n チャネル MOSFET では，p 形のサブストレートの上に作られた n^+ 領域にソースとドレインが作られ，ソースとドレインの間に作られたシリコン酸化膜（SiO_2）の絶縁層の上にゲートが作られる（図 3.28(a)）．表面にシリコンの酸化膜をもつことから，金属（Metal）酸化物（Oxide）半導体（Semiconductor）の頭文字を取って MOS とよばれる．ゲートが酸化膜を介して完全にチャネルと絶縁されているため，ゲート・リーク電流は JFET よりさらに小さい．ゲートとチャネルの間の抵抗は数百 MΩ 以上である．

　図 3.28(a) に示すように，n チャネル MOSFET には n 形のチャネルがない．p 形のサブストレートがあるだけである．ここでソースとサブストレート，ドレインとサブストレートの間は，それぞれ pn 接合であるから，ソースとドレインの間に電圧源を接続しても，いずれかの pn 接合が逆バイアスとなり，電流は流れない．

　ゲート・ソース間にプラスの V_{GS} が印加されたとする（図 3.28(b)）．SiO_2 膜上のゲートはプラスに帯電する．このときクーロン力によって，ソースおよびドレインの n^+ 領域から電子が MOS 絶縁膜下に引き出され，p 形サブストレートに電子が多数キャリアとなる n チャネルを形成する．このチャネルを**反転層**（electron inversion layer）とよぶ．また，チャネルを形成する最小の V_{GS} を**しきい値電圧** V_{th}（threshold voltage）とよぶ．V_{GS} が V_{th} 以上のときドレイン，ソースおよび形成された n チャネルを空乏層が取り囲み，サブストレートから絶縁された FET ができあがる．

　図 3.29 に MOSFET の特性例を示す．図 3.29(a) は I_D-V_{GS} 特性である．V_{GS} が V_{th}（約 3 V）を超えるとチャネルが形成され，I_D が流れる．

　図 3.29(b) は I_D-V_{DS} 特性である．ドレイン電圧 V_{DS} を高くするとドレイン・ソース間の電圧勾配が大きくなりドレイン電流 I_D は増加する．しかし，V_{GS} によってチャ

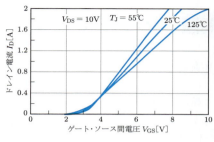
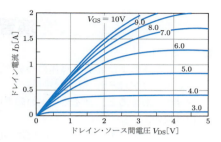

（a）ドレイン電流対ゲート・ソース間電圧特性（$V_{DS} = 10\,\mathrm{V}$）

（b）ドレイン電流対ドレイン・ソース間電圧特性

図 3.29　2N7000 の特性（データ・シート (5) より）

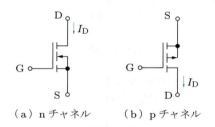

（a）n チャネル　　（b）p チャネル

図 3.30　MOSFET（エンハンスメント・モード）の回路記号

ネル幅が決まっているため，I_D はある値で飽和する．

　図 3.30 に MOSFET の回路記号を示す．MOSFET にはサブストレート端子が出ているものもあるが，p 形では最高電位側に，n 形では最低電位側に接続して使用する．

　MOSFET（n チャネル）では，ゲートに正の電圧を与えないとチャネル領域が形成されず I_D が流れないエンハンスメント・モードが大部分であるが，ゲート電圧 $V_{GS} = 0\,\mathrm{V}$ でも $I_D > 0$ となるディプリーション（depletion）・モードもある．ディプリーション・モードでは，サブストレートのチャネル領域にあらかじめ，p 形サブストレートであれば n 形不純物がドーピングされてチャネルが形成されている．

　MOSFET は増幅素子としてよりも，オフ時の高抵抗と，オン時の低抵抗を利用するスイッチングデバイスとして使用される．

3.4　FET

演習問題

■ ダイオード

3.1 p形半導体およびn形半導体について，不純物としてドーピングされる元素の価数，多数キャリアはそれぞれ何か．

3.2 温度が上昇すると，ダイオードの順電圧と順電流の関係はどうなるか．また，その理由は何か．

3.3 300 K でのシリコンダイオードの飽和電流 $I_S = 1 \times 10^{-14}$ A とする．
(1) このダイオードに電流が 1 mA 流れているときの V_D を求めよ．
(2) このダイオードに電流が 100 mA 流れているときの V_D を求めよ．
(3) このダイオードの端子間電圧 $V_D = 0.7$ V 時の電流を求めよ．
(4) 温度上昇は V_D を等価的に 2 mV/℃ の割合で大きくする．$V_D = 0.7$ V のまま，温度が 310 K に上昇すれば，電流はいくら流れるか．

3.4 図 3.7 の回路で，$R = 1$ kΩ，入力電圧は 10 V，無負荷時の $I_Z = 5$ mA，出力電圧は 5.0 V である．
(1) ツェナー・ダイオードの出力抵抗が 20 Ω であれば，負荷電流 4.5 mA では出力電圧は何 V になるか．
(2) この回路のテブナン等価回路を描け．
(3) この回路のノートン等価回路を描け．

■ BJT

3.5 ベース接地電流ゲイン α とエミッタ接地電流ゲイン h_{FE} の関係を表せ．

3.6 $h_{FE} = 250$ のトランジスタにコレクタ電流 1 mA を流している．ベース電流とエミッタ電流を求めよ．

3.7 電子電荷 $q = 1.60 \times 10^{-19}$ C，ボルツマン定数 $k = 1.38 \times 10^{-23}$ J/K としたとき，50℃における熱電圧を 3 桁の有効数字で求めよ．

3.8 アーリー電圧 130 V のトランジスタをコレクタ電流 $I_C = 1$ mA, 10 mA で使用するとき，それぞれ入力抵抗，出力抵抗を求めよ．$h_{FE} = 200$，27℃ とする．

3.9 あるトランジスタを $I_C = 100$ mA で使用している．このトランジスタのトランスコンダクタンスを求めよ．また，ベース・エミッタ間電圧が +1 mV 増加したときのコレクタ電流はどうなるか．27℃ とする．

3.10 図 3.18 (a) のエミッタ接地回路において，$V_{CC} = 15$ V，$V_{BIAS} = 1.2$ V である．$V_{BE} = 0.6$ V，$h_{FE} = 200$，$V_A = 150$ V として以下の問に答えよ．
(1) 回路の小信号等価回路を描け．
(2) 無信号時のコレクタ電流を 2 mA に，出力電圧 $V_o = 7.5$ V とするように抵抗値を定めよ．
(3) ベース電流，エミッタ電流を求めよ．
(4) トランジスタのトランスコンダクタンスを求めよ．
(5) 回路のトランスコンダクタンスを求めよ．
(6) トランジスタの入力抵抗を求めよ．
(7) 回路の入力抵抗を求めよ．

(8) トランジスタの出力抵抗を求めよ．
(9) 回路の出力抵抗を求めよ．
(10) 電圧ゲインを求めよ．
(11) ゲインをデシベルで表せ．

3.11 図 3.19 (b) の等価回路においてトランジスタの $I_C = 5$ mA, $h_{FE} = 500$, $C_\pi = 4$ pF, $C_f = 4$ pF, $R_C = 2$ kΩ としたときのミラー容量およびカットオフ周波数 f_c を求めよ．ただし信号源抵抗 $R_S = 200$ Ω とする．

3.12 図 3.20 (a) のエミッタ・フォロワ回路で, $h_{FE} = 500$, 信号源インピーダンス $R_S = 100$ Ω, 負荷インピーダンス $R_L = 500$ Ω, コレクタ電流 $I_C = 5$ mA としたときの入力抵抗, 電圧ゲイン, 出力抵抗を求めよ．

■ FET

3.13 n チャネル JFET ではゲートに負電圧を用いてドレイン電流をコントロールするが, ゲート電圧をプラスにしたら, JFET の動作はどうなるであろうか．

3.14 エンハンスメント・モードとディプリーション・モードの違いを説明せよ．

4 オペアンプの周辺回路

　オペアンプの苦手とするところが，スピーカやモータなど，大きな電流を必要とする負荷である．負荷に電流を流すためには，駆動側にもそれだけの電流供給能力が必要となる．しかし，大電流回路を小信号アンプと同じサブストレートに乗せたのでは，電流変化やそれにともなう温度変化の影響を受け，優れた動作特性を得ることが難しくなる．
　この章では，オペアンプにディスクリート素子を組み合わせて出力電流を強化する回路，オペアンプ回路を動作させるための電源回路，そして電圧安定化回路について学んでみよう．

4.1　電力増幅回路

4.1.1　コンプリメンタリ・ペア

　トランジスタには npn と pnp の 2 種類がある．この 2 種類は電圧・電流の向きが逆になる．そこでこの 2 種類を組み合わせた**コンプリメンタリ・ペア**（complimentary pair）としての使用が可能になる．
　図 4.1 に npn トランジスタと pnp トランジスタの動作を示す．npn トランジスタは，$+V_{CC}$ に接続されたコレクタからエミッタに向かって電流を流す．一方，pnp トラン

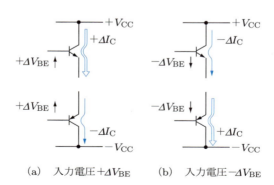

　　　(a)　入力電圧 $+\Delta V_{BE}$　　(b)　入力電圧 $-\Delta V_{BE}$

図 4.1　npn トランジスタと pnp トランジスタの動作

ジスタは$-V_{CC}$に接続されたコレクタに向かってエミッタから電流を吸い込む.

いま,それぞれのトランジスタのベース・エミッタ間電圧V_{BE}が$+\Delta V_{BE}$変化したとする(図 4.1 (a)).npn トランジスタではI_Cは増加するが,pnp トランジスタではI_Cは減少する.また逆に,V_{BE}が$-\Delta V_{BE}$変化すれば,npn トランジスタのI_Cは減少し pnp トランジスタのI_Cは増加する(図 4.1 (b)).この性質を利用すれば,同じ位相の入力電圧信号ΔV_{BE}に対して,一方は出力電流を増やし,他方は出力電流を減らす組み合わせ動作が可能となる.

4.1.2　B級プッシュプル出力回路

図 4.2 にコンプリメンタリ・プッシュプル (complementary push-pull) 回路を示す.npn と pnp トランジスタを組み合わせたエミッタ・フォロワである.プッシュプルとは,文字どおり,片方が電流を"押し出す"ときに他方が電流を"引き込む"1 組の逆位相の増幅素子が動作する回路である.

いま,入力電圧V_iは 0 V とする(図 4.2 (a)).Q_1もQ_2もベース・エミッタ間電圧V_{BE}は 0 であるためカットオフ状態であり,コレクタ電流は流れず出力電圧V_oも 0 である.この状態は$-V_{BE2} < V_i < V_{BE1}$の範囲で変わらない.

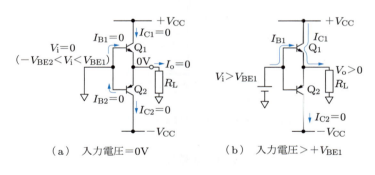

(a)　入力電圧=0V　　　　(b)　入力電圧>$+V_{BE1}$

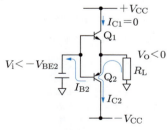

(c)　入力電圧<$-V_{BE2}$

図 4.2　コンプリメンタリ・プッシュプル回路の動作

次に，$V_i > +V_{BE1}$ のとき（図 4.2 (b)），Q_1 がオンになり I_{C1} が流れる．しかし，Q_2 のベース・エミッタ間は逆バイアス状態であり Q_2 はオフである．逆に $V_i < -V_{BE2}$ となると（図 4.2 (c)），Q_2 がオンになり I_{C2} が流れるが Q_1 はオフとなる．このように信号の極性に応じて Q_1 と Q_2 が交互にオンオフを繰り返す動作方式を，**B 級プッシュプル動作**[1]とよぶ．

B 級プッシュプルの入出力電圧を図 4.3 に示す．$V_i > V_{CC}$，$V_i < -V_{CC}$ では出力はクリップする[2]．次に，$-V_{CC} < V_i < +V_{CC}$ の範囲で $V_i > V_{BE1}$ の場合は出力電圧 $V_o = V_i - V_{BE1}$ である[3]．$V_i < -V_{BE2}$ の場合も Q_1 と Q_2 を入れ替えて同じ動作となり $V_o = V_i + V_{BE2}$ である．このため，$-V_{BE2} < V_i < +V_{BE1}$ の範囲で Q_1 も Q_2 もオフであり負荷に電流が流れない不連続を生じる．これを**クロスオーバーひずみ**（cross-over distortion）とよぶ．

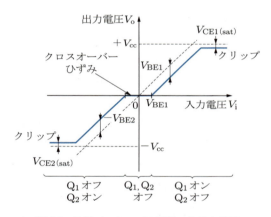

図 4.3 B 級プッシュプル回路の入出力電圧

音声信号などでは，アンプの直線性を正確に保ちたい．このような場合にはトランジスタがカットオフしないようにバイアス電圧を印加する．図 4.4 (a) の回路では，D_1 と D_2 に電流 I_b を流すと約 0.7 V の電圧降下が生じることを利用して Q_1 と Q_2 に V_{BE} を与えている．これによって $-V_{BE} < V_i < +V_{BE}$ において直線性が改善され，クロスオーバーひずみを小さくする．

---

1) B 級に対し，信号が最大から最小まで変化しても両方のトランジスタがカットオフしない動作方式を A 級とよぶ．A 級では，常にカットオフさせないために，無信号時にも最大出力電流の 1/2 のコレクタ電流を流す．このため，B 級に比べて発熱が大きく効率が悪い．

2) トランジスタがオンになるためにはコレクタ・エミッタ間にコレクタ飽和電圧 $V_{CE(sat)}$ 以上の電圧が必要となる．つまり電源電圧より $V_{CE(sat)}$ 低い電圧でクリップする．

3) 小信号回路では $V_{BE} = 0.6$ V としていたが，出力回路は電流が大きいため 0.7 V としている．

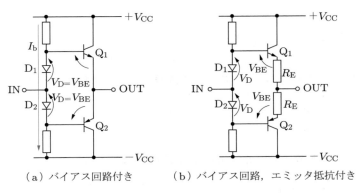

(a) バイアス回路付き　　(b) バイアス回路，エミッタ抵抗付き

図 4.4　B 級プッシュプル回路

　負荷電流が小さい場合は図 4.4(a) の回路でよい．しかし，トランジスタは温度が高くなると V_{BE} が同じでも I_C が大きくなる．増えた I_C がさらにトランジスタを発熱させ，ますます I_C を大きくする．Q_1 と Q_2 の温度がともに上昇すると，どちらの I_C も大きくなり，この IC は負荷には流れずに Q_1 のエミッタから Q_2 のエミッタへと流れ，さらに温度上昇を引き起こす．やがては温度上昇とコレクタ電流の増加を繰り返しトランジスタを壊してしまう．このメカニズムを**熱暴走**（thermal runaway）とよぶ．

　熱暴走を防ぐため，負荷電流が大きいときには図 4.4(b) のようにエミッタ抵抗 R_E を使用し，同時に D_1 と Q_1，D_2 と Q_2 とを熱結合（接着剤やネジによってパッケージを接触させる）して温度をフィードバックする．R_E によって，トランジスタのコレクタ電流は，$(V_D - V_{BE})/R_E$ に制限される．また，熱結合によって，トランジスタの温度上昇はダイオードを温め，ダイオードの温度上昇はダイオードの順電圧 V_D を小さくし，V_D の減少 $= V_{BE}$ の減少であるから I_C も小さくなり，トランジスタの温度上昇を防ぐことができる．

4.1.3　B 級プッシュプル回路の効率

　プラスとマイナスの電源は半周期ずつの電流を供給する．したがって，B 級プッシュプル回路の出力を完全な正弦波とすれば，平均電源電流 I_C は出力電圧（最大値）を V_o として以下となる．

$$I_C = \frac{1}{T}\int_0^{T/2} \frac{V_o}{R_L}\sin\left(\frac{2\pi t}{T}\right)dt = \frac{1}{\pi}\frac{V_o}{R_L} \tag{4.1}$$

　プラスとマイナスの 2 電源から供給される電力 P は次式となる．

$$P = 2V_{CC}I_C = \frac{2}{\pi}\frac{V_{CC}}{R_L}V_o \tag{4.2}$$

負荷に供給される電力 P_L は，出力電圧の実効値と負荷抵抗値から求める．

$$P_L = \frac{1}{2}\frac{V_o^2}{R_L} \tag{4.3}$$

B 級プッシュプル回路の効率 η は式 (4.3) を式 (4.2) で除して以下となる．

$$\eta = \frac{P_L}{P} = \frac{\pi}{4}\frac{V_o}{V_{CC}} \tag{4.4}$$

出力電圧 V_o の最大値はほぼ V_{CC} となるので，このときが最大効率となる．

$$\eta_{max} \approx \frac{\pi}{4} \approx 0.785 = 78.5\,\% \tag{4.5}$$

 練習問題

4.1 負荷抵抗 $1\,\Omega$ に $5\,V_{rms}$ の信号を出力する B 級プッシュプル回路の効率を求めよ．ただし，電源電圧は $\pm 10\,V$ とする．

4.1.4　トランジスタの放熱設計

（電源から供給された電力）−（負荷に供給された電力）は，トランジスタの内部で熱に変換される．したがってトランジスタ 1 個あたりの発熱量 P_{TR} は，式 (4.2) および式 (4.3) より以下となる．

$$P_{TR} = \frac{1}{2}\left(\frac{2}{\pi}\frac{V_{CC}}{R_L}V_o - \frac{1}{2}\frac{V_o^2}{R_L}\right) \tag{4.6}$$

式 (4.6) を V_o で微分して発熱量が最大になる出力電圧 V_o を求めると，

$$V_o = \frac{2V_{CC}}{\pi} \approx 0.637 V_{CC} \tag{4.7}$$

電源電圧の 64 % 時であり，そのときのトランジスタの発熱量 $P_{TR(max)}$ は式 (4.7) を式 (4.6) に代入して求める．

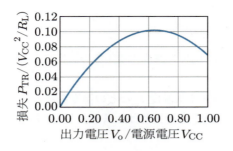

図 4.5 B級プッシュプル回路の出力電圧対損失

$$P_{TR(max)} = \frac{1}{\pi^2} \frac{V_{CC}^2}{R_L} \tag{4.8}$$

図 4.5 に出力電圧と損失の関係を示す．トランジスタを破損しないためには $P_{TR(max)}$ の発熱量があっても，ジャンクション温度 T_j の絶対最大定格値（150℃）を超えないようにしなければならない．T_j はトランジスタで発生する熱量と，その熱量をどれだけ外に逃がせるかで決まる．

トランジスタには，25℃において発熱できる許容限界である**全損失**[1] P_T が定められている．パワートランジスタ[2]では，ケース温度を強制的に 25℃ に保ったとき（$T_c = 25$℃）が，小信号用トランジスタはヒートシンクを使用しないため周りの気温が 25℃ の状態（$T_a = 25$℃）が規定される．これはどちらも温度が上昇すれば減少する（図 4.6）．25℃ 以上での全損失の減少率％ P_T は，温度 T [℃] として

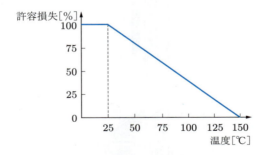

図 4.6 温度による許容損失の減少

---

1) $V_{CE} \cdot I_c$ コレクタ損失を表示するメーカーもあるが，全損失と同じと考えてよい．
2) 全損失 1W 以下のトランジスタを小信号用，1W 以上をパワー・トランジスタとよぶ．

$$\%P_\mathrm{T} = (150 - T) \times 0.8 \tag{4.9}$$

となり，たとえば70℃では64%に減少する．この温度による負荷軽減を**ディレーティング**（derating）という．

T_j とケース温度 T_c，周囲空気温度 T_a などの温度をポテンシャルとみなし，その間にそれぞれ**熱抵抗** R_th [℃/W] を考えれば，以下のように類推できる（**図 4.7**）．

温度 [℃] → 電圧
熱の移動量 [W] → 電流
熱抵抗 [℃/W] → 抵抗

ジャンクション温度 T_j からケース温度 T_c までの熱抵抗 $R_\mathrm{th(j-c)}$ は，ケース温度 $T_\mathrm{c} = 25$℃と全損失 $P_{\mathrm{T}(T_\mathrm{c}=25℃)}$ から求める．

$$R_\mathrm{th(j-c)} = \frac{T_\mathrm{j} - T_\mathrm{c}}{P_{\mathrm{T}(T_\mathrm{c}=25°\mathrm{C})}} \tag{4.10}$$

ジャンクション温度 T_j から外気温 T_a までの温度差と，トランジスタの発熱量 P_TR の関係は，ケース・ヒートシンク間の熱抵抗を間に挟まれる絶縁シートの熱抵抗も含めて $R_{\mathrm{th}(\theta)}$，ヒートシンクから外気までの熱抵抗を $R_\mathrm{th(hs)}$ として，以下となる．

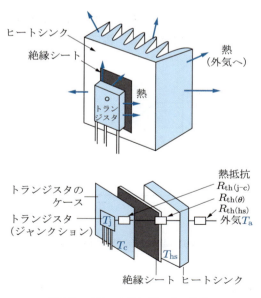

図 4.7 パワートランジスタの放熱

$$P_{\text{TR}} = \frac{T_{\text{j}} - T_{\text{a}}}{R_{\text{th(j-c)}} + R_{\text{th}(\theta)} + R_{\text{th(hs)}}} \tag{4.11}$$

以上よりヒートシンクに要求される熱抵抗 $R_{\text{th(hs)}}$ は以下の式となる．

$$R_{\text{th(hs)}} < \frac{T_{\text{j}} - T_{\text{a}}}{P_{\text{TR}}} - \left(R_{\text{th(j-c)}} + R_{\text{th}(\theta)}\right) \tag{4.12}$$

実装時のケース内の温度は室温よりも 20 〜 30℃程度上昇するため，T_{a} = 55 〜 65℃として設計する．

例題 4.1

P_{T} = 100 W，T_{j} = 150℃のトランジスタを熱抵抗 2.0℃/W のヒートシンクに取り付けて使う場合，トランジスタの全損失は何 W 以下でなければならないか．ただし，外気温は 50℃として，トランジスタとヒートシンクの間の熱抵抗を 0.5℃/W とする．

解 式 (4.10) より，

$$R_{\text{th(j-c)}} = \frac{150 - 25}{100} = 1.25 \ ℃/W$$

が求まり，式 (4.12) より，以下となる．

$$P_{\text{TR}} < \frac{150 - 50}{1.25 + 0.5 + 2.0} \approx 26.67 \ W$$

放熱計算などでは，計算値が安全サイドになるようにする．この場合も限界値を大きくしないよう，数値を切り捨てとして，26.6 W とする．

4.2 スピーカをドライブする

スピーカは磁気回路中に置かれたボイスコイルに電流を流して動かし，その動きを振動板を介して空気の圧力変化に変換する．数十 W の耐入力をもつスピーカであっても，わずか数十ターンのコイルで駆動されるため，そのインピーダンスは小さく 4 〜 8 Ω である [1]．

仮に 4 Ω のスピーカに 15 W の信号を加えるとすれば，電流は 1.94 Arms にもなるが，電圧は 7.76 Vrms でしかない．ただしこれらの値は実効値であり，アンプはピーク値

---

[1] 基本的には LR 直列回路だが，ボイスコイル動作にともなう動インピーダンスがあるため，低域で大きく持ち上がる (f_0 共振)．400 Hz または最低値を示す周波数での値を定格インピーダンスとして表す．

の 2.74 A，11.0 V を出力しなければならない．

4.2.1 アンプの構成

出力電圧 ±11.0 V であれば，オペアンプでも出力できる値である．しかし，4 Ω の負荷に対し ±2.74 A の電流は，オペアンプでは供給できない．そこで信号電圧の増幅にはオペアンプを使用し，負荷に電流を供給するための電流増幅回路をトランジスタで構成する（図 4.8）．

トランジスタ回路では h_{FE} より，1 段あたり 50 〜 100 倍の電流ゲインを得ることができる．オペアンプの最大出力を 20 mA として，これを 2740 mA に増幅するため，ドライバー段および出力段の 2 段構成のトランジスタ増幅回路を設計する．

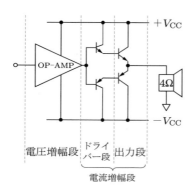

図 4.8　パワー・アンプの構成

4.2.2 電圧増幅段の設計

パワー・アンプ（power amplifier）には，入力インピーダンス 10 kΩ 以上，1 V_{rms} 入力において定格出力（最大出力）が得られることが必要となる．電圧定格出力 7.76 V であるから，電圧ゲイン

$$A_V \geqq 20 \log\left(\frac{7.76}{1}\right) \approx 17.8 \text{ dB} \tag{4.13}$$

が必要となる．ここでは，非反転アンプのフィードバック・ネットワークに 20 kΩ，1 kΩ を使用して 26.4 dB（= 21 倍）とする．

オペアンプには低雑音アンプ NJM5534 を使用する．表 4.1 に絶対最大定格，表 4.2 に電気的特性を示す．NJM5534 は 3 倍以上のゲインで安定に動作するよう内部位相

表 4.1 NJM5534 の絶対最大定格 ($T_a = 25℃$) (データ・シート (6) より)

項目	記号	定格	単位
電源電圧	V^+/V^-	± 22	V
差動入力電圧	V_{ID}	± 0.5	V
同相入力電圧	V_{IC}	V^+/V^-	V
消費電力	P_D	(D タイプ) 500 (M タイプ) 500	mW
動作温度	T_{opr}	$-20 \sim +75$	℃
保存温度	T_{stg}	$-40 \sim +125$	℃

表 4.2 NJM5534 の電気的特性 (データ・シート (6) より)

項目	記号	条件	最小	標準	最大	単位
入力オフセット電圧	V_{IO}	$R_S \leq 10\,k\Omega$	–	0.5	4	mV
入力オフセット電流	I_{IO}		–	20	300	nA
入力バイアス電流	I_B		–	500	1500	nA
入力抵抗	R_{IN}		30	100	–	kΩ
電圧利得	A_V	$R_L \geq 2\,k\Omega$, $V_O = \pm 10\,V$	88	100	–	dB
最大出力電圧	V_{OM}	$R_L \geq 600\,\Omega$	± 12	± 13	–	V
同相入力電圧範囲	V_{IOM}		± 12	± 13	–	V
同相信号除去比	CMR	$R_S \leq 10\,k\Omega$	70	100	–	dB
電源電圧除去比	SVR	$R_S \leq 10\,k\Omega$	80	100	–	dB
消費電流	I_{CC}	$R_L = \infty$	–	4	8	mA
スルー・レート	SR	$C_c = 0$	–	13	–	V/μs
利得帯域幅積	GB	$C_c = 22\,pF$, $C_L = 100\,pF$	–	10	–	MHz
入力換算雑音電圧	V_{NI}	$f = 20\,Hz \sim 20\,kHz$	–	1.0	–	μVrms

補償されている.

　オーディオ用アンプには，人間の可聴帯域 20 Hz ～ 20 kHz をフラットにひずみ無く増幅できる性能が求められる．20 Hz ～ 20 kHz を ± 0.1 dB とすれば，高域カットオフ周波数は 10 倍の 200 kHz 以上が必要である．図 4.9 (a) に電圧ゲイン特性を示す．NJM5534 を 40 dB のクローズドループ・ゲインで使用したときの － 3 dB 点は 200 kHz 以上であり，+ 26 dB の使用であれば約 800 kHz の帯域幅を得ることができる．

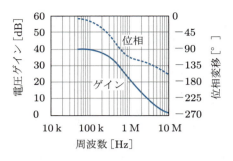
(a) 電圧ゲイン・位相周波数特性（ボーデ線図）

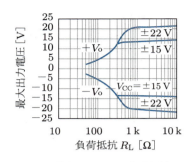
(b) 最大出力電圧対負荷抵抗

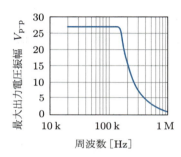
(c) 最大出力電圧対周波数 ($V_{cc} = \pm 15 V$)

図 4.9　NJM5534 の特性（データ・シート (6) より）

　NJM5534 の出力電圧対負荷特性を図 4.9 (b) に示す．±11.0 V の出力を得るためには，ドライバー段および出力段での電圧降下を $0.7 V \times 2$，出力段エミッタ抵抗（0.47 Ω）で 1.3 V 見込むとして，±13.7 V の出力電圧が必要となる．図 4.9 (b) からは，電源電圧を ±15 V として負荷抵抗を 300 Ω 以上とすれば確保できるとわかるが，オペアンプの余裕をもたせて 500 Ω 以上とする．

　ところで，図 4.9 (c) に最大出力電圧対周波数特性を示す．グラフはスルー・レートによる限界を表している．グラフからは，約 130 kHz までしか ±13.5 V の振幅を得られないように思われる．NJM5534 のスルー・レートは 13 V/μs であるから，式 (1.92) を用いて確認すれば，

$$f_{PB} = \frac{13 \times 10^6}{2\pi \times 15.6} \approx 133 \text{ kHz} \tag{4.14}$$

である．目標とした 200 kHz に届いていないが，オーディオ信号には，20 kHz 以下の帯域しか含まれないので問題はない．

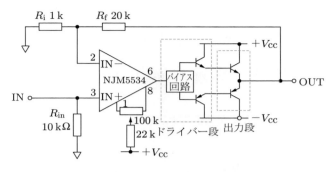

図4.10 パワー・アンプの構成

アンプの全体構成および電圧増幅段の回路を図4.10に示す．フィードバックは，出力端子から反転入力端子IN−へ戻す．出力段，ドライバー段のトランジスタもフィードバック・ループの中に入れて特性の改善を図る．また，オペアンプには指定の出力オフセット電圧調整回路を設けている．

📝 練習問題

4.2 8Ω負荷に500Wを供給するため必要な電圧（最大値），電流（最大値）はいくらか．
4.3 200kHzまで±13.7Vの振幅を得るために必要なオペアンプのスルー・レートを求めよ．

4.2.3 出力トランジスタの選定

出力段の電源電圧は，11.0Vの出力に2V程度の余裕をみれば十分である．出力段の電源はオペアンプとは別として電圧を下げ，不必要な発熱を抑える構成が望ましいが，ここでは簡略化のため電圧増幅段と同じ±15Vとする．

図4.5に示したように，B級プッシュプル回路ではトランジスタの発熱量P_{TR}は出力電圧に依存する．最大の発熱量は式(4.8)より以下となる．

$$P_{TR(max)} = \frac{1}{\pi^2}\frac{15^2}{4} \approx 5.70 \text{ W} \tag{4.15}$$

使用条件を外気温$T_a=65℃$，ヒートシンクの熱抵抗$R_{th(hs)}=4℃/W$，絶縁シートを挟んだトランジスタとヒートシンクの間の熱抵抗$R_{th(q)}=0.5℃/W$と仮定して，トランジスタを選定するために必要な全損失を求める．ジャンクションからケースまでの熱抵抗$R_{th(j-c)}$は，式(4.12)より以下となる．

$$R_{\text{th}(j\text{-}c)} < \frac{T_j - T_a}{P_{\text{TR}}} - \left(R_{\text{th}(\theta)} + R_{\text{th}(hs)}\right)$$

$$= \frac{150 - 65}{5.70} - (0.5 + 4.0) = 10.4 \ \text{℃/W} \tag{4.16}$$

これより，トランジスタに必要な全損失 P_T は，式(4.10)より以下となる．

$$P_T \geqq \frac{T_j - T_C}{R_{\text{th}(j\text{-}c)}} = \frac{150 - 25}{10.4} \approx 12.0 \ \text{W} \tag{4.17}$$

ここでは，コレクタ損失 $P_C (\approx P_T) = 30 \ \text{W}$ のコンプリメンタリ・ペア 2SB1018A/2SD1411A を例に設計を進める．

(1) トランジスタの絶対最大定格

表 4.3 に 2SB1018A/2SD1411A の絶対最大定格を示す．

V_{CBO} はエミッタをオープンにしたときのコレクタ・ベース間電圧[1]，V_{CEO} はベースをオープンにしたときのコレクタ・エミッタ間電圧である．$V_{\text{CEO}} \leqq V_{\text{CBO}}$ となるため，V_{CEO} がトランジスタの使用できる最大電圧である．一般に耐圧とよばれる．V_{CE} が印加されるとコレクタ・ベース間の pn 接合は逆バイアスとなるため，V_{CEO} や V_{CBO} を超えるとなだれ降伏によって素子が損傷する．

プッシュプル回路では，出力電圧が $+V_{\text{CC}}$ から $-V_{\text{CC}}$ まで変化するとして V_{CEO} は

表 4.3　2SB1018A/2SD1411A の絶対最大定格（データ・シート(7)(8)より）

項目	記号	定格 2SB1018A	定格 2SD1411A	単位
コレクタ・ベース間電圧	V_{CBO}	-100	100	V
コレクタ・エミッタ間電圧	V_{CEO}	-80	80	V
エミッタ・ベース間電圧	V_{EBO}	-5	5	V
コレクタ電流	I_C	-7	7	A
ベース電流	I_B	-1	1	A
コレクタ損失 ($T_a = 25$℃)	P_C	2.0	2.0	W
($T_c = 25$℃)	P_C	30	30	W
接合温度	T_j	150	150	℃

---

[1] V_{CBO} の添字はそれぞれ，C：コレクタの電圧，B：ベースを基準として，O：残った端子であるエミッタをオープン，の意味である．

$2V_{CC}$（$=30$ V）以上あればよい．

V_{EBO} は BE 間の最大順電圧である．エミッタを短絡するようなことがない限り，過大電圧が印加される恐れはほとんどない．

コレクタ電流 I_C は pn 接合を破損することなく流せる最大電流である．アンプの最大出力電流より大きければよい．7 A と十分な値であるが，出力が短絡されるなどの異常時にも I_C を超えないよう回路設計しなければならない（今回は保護回路は設けていない）．

ベース電流 I_B はコレクタ・エミッタ間電圧が印加され，I_C が流れるときには，まず超えることはない．

コレクタ損失（許容コレクタ損失）P_C は，$V_{CB} \cdot I_C$ である．$V_{BE} \approx 0.7$ V であるので全損失 $P_T = V_{CE} \cdot I_C$ と同じとみなしてよい．表 4.3 では周囲温度 $T_a = 25$℃（ヒートシンクを使わないとき）と，ケース温度 $T_C = 25$℃ の二つの条件を示している．使用温度，ヒートシンク熱抵抗などの条件下で許容範囲にあることを確かめる．

トランジスタも他の半導体素子と同じく絶対最大定格の 80 ～ 90% 以下の範囲で使用する．

(2) 安全動作領域（SOA）

パワー・トランジスタを使用するときには，**安全動作領域**（Safe Operating Area：SOA）を超えないようにしなければならない．

図 4.11 に 2SB1018A の安全動作領域を示す．コレクタ電流 I_C，最大コレクタ電圧 V_{CEO}，および全損失によって制限される領域（dissipation limit）は前項の絶対最大定格に規定される値であるが，このほかに，局所的な電流集中によってトランジスタが破壊する **2 次降伏**（second breakdown）によって制限される領域（S/b limit）がある．この 2 次降伏は意外と低い電圧（2SB1018A では 15 V）からが発生するため，注意が必

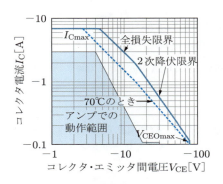

図 4.11　2SB1018A の安全動作領域（データ・シート (7) より）

要である．

図 4.11 に示される全損失限界および 2 次降伏限界は，温度 25℃ での値である．回路設計に際しては，式 (4.9) より使用温度にもとづいたディレーティングを含めて考える．たとえば，70℃ であれば全損失限界は 19.2 W となる．70℃ のときの SOA を図に点線で示す．

このアンプ回路で印加される最大の V_{CE} は -30 V である．また最大の I_C は 2.74 A であり，そのときの V_{CE} は $15-11=4$ V である．動作範囲を図 4.11 にカラーで示すが，70℃ の SOA 範囲内である．

(3) 電流ゲインのコレクタ電流依存性

図 4.12 に 2SB1018A / 2SD1411A の h_{FE}-I_C 特性を示す．最大コレクタ電流では，h_{FE} はピークの 1/3 ～ 1/5 に低下する．使用するコレクタ電流範囲で h_{FE} が低下していないことを確かめる必要がある．2SB1018A/2SD1411A の最大コレクタ電流は 7 A であるが，3 A ではすでに h_{FE} は小電流時の 60 ～ 80％ に低下している．このあたりが限界である．

なお，コンプリメンタリ・ペアであっても，h_{FE}-I_C 特性を含め，完全に対称な特性とはなっていない．しかし，フィードバック回路で使用する場合には，2 ～ 3 倍程度の差は問題とならない．

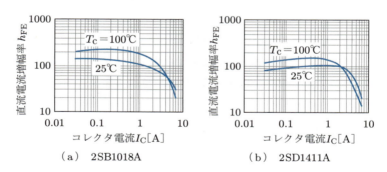

図 4.12　2SB1018A / 2SD1411A の直流電流増幅率（データ・シート (7)(8) より）

　練習問題

4.4　トランジスタでの損失 5.7 W，周囲温度 65℃ のとき，2SB1018A に必要なヒートシンクの熱抵抗を求めよ．トランジスタとヒートシンク間の熱抵抗 $R_{th(\theta)}$ を 0.5℃/W とする．

4.2.4　ドライバー段トランジスタの選定

ドライバー段の仕事は，出力段のトランジスタに十分なベース電流を供給することである．図 4.13 (a) に示すように最大出力時，出力段はスピーカに 2.74 A を供給する．このとき，出力段トランジスタの $h_{FE} = 100$ としても，ドライバー段からは，1/100 の 27.4 mA のベース電流を供給しなければならない．残念ながら NJM5534 には（他の汎用オペアンプにも）これだけの電流供給能力はない．

そこで，もう 1 組のコンプリメンタリ・ペア，Q_3 と Q_4 を用いて出力段をドライブする（図 4.13 (b)）．Q_1 へは Q_3 が，Q_2 へは Q_4 が，それぞれベース電流をエミッタから供給する．Q_3 と Q_4 のベース電流もエミッタ電流の $1/h_{FE}$ となるので，$h_{FE} = 100$ とすればそれぞれ 0.274 mA となる．図のようにコレクタを共通にして，1 段目のトランジスタのエミッタから 2 段目のベースへと接続する回路を**ダーリントン接続**（Darlington configuration）とよぶ．ダーリントン接続については次章で述べる．

ドライバー段には出力段に供給する最大電流である 27.4 mA の範囲まで h_{FE} が低下

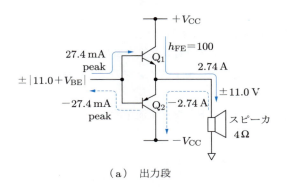

（a）　出力段

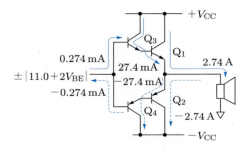

（b）　ダーリントン出力段

図 4.13　スピーカへの電流供給

しないトランジスタを選ぶ．ここでは2SA1486/2SC3840を用いる．

4.2.5 バイアス回路

図4.13(b)の回路では，Q_1 と Q_3，Q_2 と Q_4 が，それぞれ同時にカットオフするため，プラスマイナスそれぞれトランジスタ2個分の V_{BE} の幅で，出力が0になるスイッチングひずみが発生する．そこで，図4.14に示すバイアス電圧回路を用いて Q_1 〜 Q_4 に常時**アイドリング電流**[1]を流す．Q_3 と Q_4 に印加するバイアス電圧は，出力段のエミッタ抵抗 R_E による電圧降下を無視すれば，Q_1 〜 Q_4 の V_{BE} の合計の約2.8Vとなる．

図4.14(a)はダイオード D_1 〜 D_4 を使用したバイアス回路である．R_1 と R_2 は，ダイオード D_1 〜 D_4 に流す電流を決める．ドライバー段のトランジスタの h_{FE} を100とすれば，I_B の最大値は約0.3 mAであるので，ダイオードへは約10倍の電流を流す．これは，Q_3，Q_4 のベース電流変化によるダイオード電流の変化を小さくするためである．$R_1 = R_2$ の抵抗値は，

$$R_1 = R_2 = \frac{V_{CC} - 2V_{BE}}{I_D} = \frac{15 - 2 \times 0.7}{3\,\mathrm{mA}} \approx 4.53\,\mathrm{k\Omega} \tag{4.18}$$

となる．E24系列値より4.7 kΩとする．

Q_3，Q_4 はエミッタ・フォロワであり高入力抵抗とみなせば，$R_1 \| R_2$ がこの回路の入力抵抗となる．2.35 kΩであり，オペアンプの負荷抵抗として500Ω以上を確保している．

ドライバー段に5 mAのアイドリング電流を流すとすれば R_D は，以下となる．

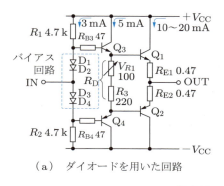
（a）ダイオードを用いた回路

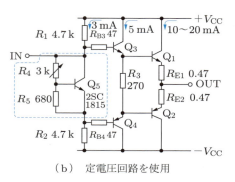
（b）定電圧回路を使用

図4.14 バイアス回路

---

1) 無信号時のコレクタ電流．

$$R_3 = \frac{2 \times 0.7\,\mathrm{V}}{5\,\mathrm{mA}} \approx 280\,\Omega \tag{4.19}$$

ここは 220 Ω の固定抵抗と 100 Ω の半固定抵抗器を用いて，出力段のアイドリング電流が 10 〜 20 mA 程度になるように調整する．

ダーリントン接続からは R_3 は必要ないようにも思われる．しかし，出力段は B 級プッシュプル回路であり，Q_1 と Q_2 は交互にターンオン，カットオフを繰り返す．R_3 は Q_3 と Q_4 も同時にオン，オフすることによるスイッチングひずみの増加を抑える．

なお，R_{B3} と R_{B4} は寄生発振[1]防止用である．

より厳密にドライバー段および出力段のアイドリング電流を設定したい場合には，図 4.14 (b) の Q_5 を用いたバイアス回路を用いる．Q_5 のベース電流を無視すれば，バイアス電圧 V_{BIAS} は，以下となる．

$$V_{\mathrm{BIAS}} = V_{\mathrm{BE}} \times \frac{R_4 + R_5}{R_5} \tag{4.20}$$

R_1 および R_2 には 3 mA 流すとして，Q_5 に 2 mA，R_4 と R_5 に 1 mA 流すと考えれば，R_4 = 2100 Ω，R_5 = 700 Ω となる．R_4 は 3 kΩ の半固定抵抗器，R_5 は E24 系列値より 680 Ω を使用する．

なお，図 4.14 (b) の回路は，単体で使用すると出力オフセット電圧が生じるが，オペアンプのフィードバック・ループに含めれば，オペアンプの出力にオフセット電圧を打ち消すようにバイアス電圧が出力される．

図 4.14 のどちらの回路を使用する場合にも，パワートランジスタの熱暴走を防ぐために，出力段のトランジスタ Q_1, Q_2 と，バイアス素子 D_1 〜 D_4 あるいは Q_5 を熱結合する．

練習問題
4.5 図 4.14 (b) のバイアス回路を用いて，2.0 V のバイアス電圧を得る回路を設計せよ．ただし，$\pm V_{\mathrm{CC}}$ = ± 18 V，R_1 および R_2 には 5 mA を流す．R_3, R_4 には 1 mA 流すと考えよ．

4.2.6　パワー・アンプ

図 4.15 に設計したパワー・アンプ回路を示す．フィードバック抵抗 R_f に並列に使用した C_f は発振防止用である．ローパス・フィルタを構成し，高周波（数百 kHz 以上）

---
[1] 連続的な発振ではなく，信号の入力によって部分的に生じる発振現象．

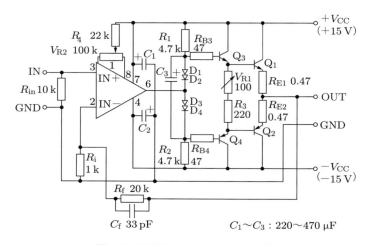

図 4.15　設計したパワー・アンプ回路

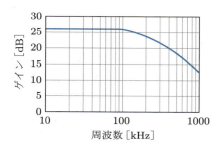

図 4.16　パワー・アンプの周波数特性

の発振を防止する．実装状態によっては値を増減する．C_1，C_2 は電源のパスコンであり，C_3 は出力段のバイアス電流安定用である．220 µF 以上の高性能ケミコンを用いる．

図 4.16 に周波数特性を示す．C_f によって帯域幅を狭めているが，−3 dB 点は 250 kHz でありオーディオ用として十分な周波数特性となっている．

4.3　電源回路

オペアンプに限らず，すべての電子回路は直流電源で動作する．交流の商用電源から直流を得るために，今日ではスイッチングレギュレータを用いることが多いが，ここでは基礎として，電源トランス，整流回路，平滑回路，安定化回路から構成される（アナログ）電源回路を設計しよう（図 4.17）．

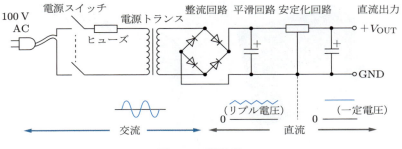

図 4.17　電源回路

電源回路に要求される性能は，
(1) 負荷への十分な電流供給能力があること
(2) 負荷の変動に際しても，安定した電圧を供給できること
(3) ノイズが小さいこと
(4) 効率がよいこと（発熱が小さいこと）
などである．

4.3.1　電源トランス

100 V 交流電源から必要な直流電圧を得るために，トランス（transformer）を用いて電圧を変換する．電源トランスは，鉄心（コア）に巻き付けられた1次コイルと2次コイルの巻数比によって電圧を変換する．1次巻線の電圧を V_1，電流を I_1，2次巻線の電圧を V_2，電流を I_2，とすれば変換効率を η として，以下となる．

$$\eta V_1 \times I_1 = V_2 \times I_2 \tag{4.21}$$

トランスには巻線の電気抵抗や，磁気回路の磁性抵抗があるが，効率 η は 90 〜 95 %程度あり，おおまかには100%とみなしてよい．巻数比が 10：1 のトランスでは，1次電圧：2次電圧 ≈ 100 V：10 V となり，このとき 1次電流：2次電流 ≈ 0.1 A：1 A となる．

電源トランスには，巻数比ではなく定格電圧および2次側の定格電流が示されている（図 4.18）．ここで2次側の定格電圧 V_{ac} は，定格電流 I_{ac} を流したときの値であり，無負荷時の電圧値は 15 〜 20 %程度高くなるので注意する．また，出力直流電圧 V_{DC} は，約 $\sqrt{2}\,V_{ac}$ となるため，I_{ac} は直流電流 I_{DC} に対して，

$$I_{ac} \approx \sqrt{2}\,I_{DC} \tag{4.22}$$

となる．

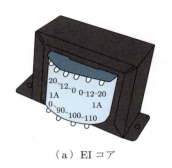 

（a）EI コア　　　　　　　　（b）トロイダル・トランス

図 4.18　電源トランス

4.3.2　全波整流回路

　第 3 章では，ダイオードを一つだけ使用する半波整流回路を示したが，効率が劣るため，通常は**全波整流回路**が使用される．

　図 4.19（a）に**ブリッジ整流回路**（full-wave bridge rectifier）を示す．ブリッジ整流回路では，互いに向かい合わせとなる 2 個のダイオード D_1 と D_3，D_2 と D_4 が，それぞれペアになってオン・オフを繰り返す．いま，交流電圧 V_{ac} が正の半周期であれば，D_1，D_3 がオン，D_2，D_4 がオフになり，実線の向きに電流が流れる．負の半周期には D_1，D_3 はオフになり，D_2，D_4 がオンになり，電流は点線の向きとなる．その結果，出力電圧 V_{DC} は，V_{ac} の負の半周期が折り返された波形となり，負荷電流の向きは正負どちらの半周期も同じとなる．

　センタタップ付きの 2 次巻線を使用する場合には，図 4.19（b）に示す**センタタップ整流回路**（center-tapped rectifier）を用いることもできる．センタタップをグランドとして，正の半周期には D_1 がオンとなり，ⓐ端子から実線の向きの電流が流れる．負の半周期には D_2 がオンになりⓑ端子から点線の向きに電流が流れ，ブリッジ整流回路と同じ出力電圧波形を得る．

　ダイオードでの電圧降下 V_D は 0.7 V 程度であるから，ブリッジ整流回路もセンタタップ整流回路も直流電圧のピーク値は，ほぼ交流電圧 V_{ac} の最高値，つまりは交流電圧値（実効値）の $\sqrt{2}$ 倍となる．より厳密には，ブリッジ整流回路では電流は 2 個のダイオードを通る（正の半周期では D_1 と D_3，負の半周期では D_2 と D_4）．このため出力直流電圧 V_{DC} は，ダイオード 2 個分の順電圧 $2V_D$ だけ低くなる．図 4.19（a）のブリッジ整流回路で $V_D = 0.7$ V とすれば次式となる．

$$V_{DC} = \sqrt{2}\,V_{ac} - 2V_D = \sqrt{2} \times 10 - 2 \times 0.7 \approx 12.7\ \text{V} \tag{4.23}$$

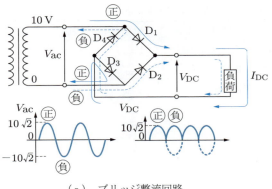

（a） ブリッジ整流回路

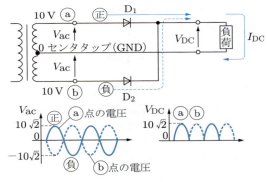

（b） センタタップ整流回路

図 4.19　全波整流回路

図 4.19(b) のセンタタップ整流回路では，1 個のダイオードを通るだけであるから，以下となる．

$$V_{DC} = \sqrt{2}\, V_{ac} - V_D \approx 13.4\ \text{V} \tag{4.24}$$

4.3.3　ダイオードの絶対最大定格

整流回路に使用するダイオードは，ピーク繰り返し逆電圧（耐圧）V_{RRM} と平均順電流 $I_{F(AV)}$，ピーク・サージ電流 I_{FSM} を確認する．**表 4.4** にダイオードの定格例を示す．

ブリッジ整流回路でもセンタタップ整流回路でも，オフ状態のダイオードには，逆電圧が加わっている（オン状態のダイオードには順電圧しか加わらない）．図 4.19(a) のブリッジ整流回路では，正のピーク時（実線），D_2 と D_4 はともに出力電圧 V_{DC} が印加されている．したがって，ブリッジ整流回路に使用するダイオードの耐圧 V_{RRM} は

4.3　電源回路

表 4.4　PS2010R の絶対最大定格（データ・シート (11) より）

項目	記号	定格	単位
ピーク繰り返し逆電圧	V_{RRM}	1000 V	V
サージ電流	I_{FSM}	70	A
平均整流電流	$I_{F(AV)}$	2.0	A

次式となる．

$$V_{RRM} > \sqrt{2}\, V_{ac} \times S_v \tag{4.25}$$

ここで S_v は安全率であり，トランスの無負荷時電圧上昇を 20%（$\varepsilon_T = 0.2$），商用電源の変動率を最大 10%（$\varepsilon_{AC} = 0.1$）と見込み，さらに雷などによるサージ電圧を 50%（$\varepsilon_v = 0.5$）と仮定し，次式とする．

$$S_v = (1 + \varepsilon_T) \times (1 + \varepsilon_{AC}) \times (1 + \varepsilon_v) \approx 2 \tag{4.26}$$

一方，図 4.19 (b) のセンタタップ整流回路では，負荷出力電圧に加えてトランスの他方の巻線の電圧も D_2 に加わるため，V_{DC} の 2 倍の電圧が印加される．したがって，ダイオードの V_{RRM} は次式となる．

$$V_{RRM} > 2\sqrt{2}\, V_{ac} \times S_v \tag{4.27}$$

ダイオードは半周期ずつオンになるから平均整流電流 $I_{F(AV)}$ は，

$$I_{F(AV)} = \frac{1}{2} \cdot \frac{V_{DC}}{R_L} \tag{4.28}$$

であるが，設計にあたっては温度によるディレーティングを考慮する（図 4.20）．パワートランジスタと同じく，屋内使用であれば周囲（ケース内）温度 55 ～ 65℃ を設計

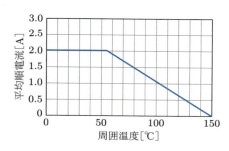

図 4.20　PS2010R のディレーティング（データ・シート (11) より）

条件とする．図 4.20 のダイオードでは 55℃ までは 2.0 A の平均電流で使用できるが，約 100℃ では半分の 1.0 A までしか使用できない．ピーク・サージ電流 I_{FSM} は，平均電流の 10 倍以上あればよい．

例題 4.2

直流出力電圧 25 V，1 A を得たい．センタタップ整流を使用するとして，
(1) トランスの 2 次巻線電圧
(2) トランスの 2 次巻線電流
(3) ダイオードに必要な耐圧
を求めよ．商用電源電圧の変動は考慮しなくてよい．

解 (1) 式 (4.24) より，2 次巻線電圧 = $(25+0.7)/1.414 ≈ 18.2$ V
(2) 式 (4.22) より，1.4 A
(3) 式 (4.27) で $S_v=2$ として，$V_{RRM} > 2\sqrt{2} \times 18.2 \times 2 ≈ 103$ V

4.3.4 平滑回路

ダイオードで整流しただけではリプル電圧が大きく，直流電源としては不適当である．そこで平滑回路ではキャパシタを使用して電圧を平坦に近づける（**図 4.21**）．入力電圧がキャパシタ電圧より高いときダイオードがオンになり，負荷に電流を供給するとともにキャパシタに充電する．キャパシタ電圧が入力電圧より高くなるとダイオードはオフになるが，負荷へはキャパシタから電流が流れる．このように平滑回路の出力はリプルを含んだ直流となる．

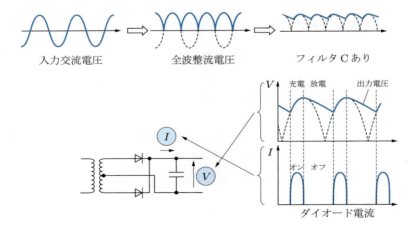

図 4.21　平滑キャパシタ

ここで，キャパシタの容量によってリプル電圧は変化する．容量が大きければそれだけリプル電圧は小さくなるが，同時にキャパシタ充電時間が短くなるため，ダイオード電流のピークは大きくなる．

整流回路には，容量あたりの体積が小さいアルミ電解コンデンサ（ケミコン）が使用される．出力に現れるリプル電圧は，キャパシタの容量だけでなく，トランスの巻線抵抗によっても変化するが，容量は目安として

$$C = \frac{25}{2\pi f \frac{V_{\mathrm{OUT}}}{I_{\mathrm{OUT}}}} \quad [\mathrm{F}] \tag{4.29}$$

より求める[16]．東日本では電源周波数 $f = 50$ Hz，西日本では $f = 60$ Hz であるが，全波整流すれば周波数は倍になる．

電解コンデンサは定格電圧（耐圧）V_{RV} 以下で使用しなければならない．定格電圧 V_{RV} は，トランスの定格電圧 V_{ac} に，電圧変動率 $+20\%$（$\varepsilon_{\mathrm{T}} = 0.2$），電源電圧変動率 $\varepsilon_{\mathrm{AC}}$ を最大で 10%（$\varepsilon_{\mathrm{AC}} = 0.1$）と見込み，さらにキャパシタ定格電圧の 90% 以下で使用したいと考えて安全率 S_{c} を，

$$S_{\mathrm{c}} = (1 + \varepsilon_{\mathrm{T}}) \times (1 + \varepsilon_{\mathrm{AC}}) \times 1.1 = 1.452 \approx 1.5 \tag{4.30}$$

として，

$$V_{\mathrm{RV}} > \sqrt{2}\, V_{\mathrm{ac}} \times S_{\mathrm{c}} \tag{4.31}$$

とする．

4.3.5 電源回路の設計

4.2節で設計したパワー・アンプ用の電源回路を設計してみよう．電源には電圧安定化回路を使用することが多いが，$10 \sim 20\%$ 程度の電源電圧変動は，オペアンプの電源電圧除去比が大きいため回路動作にほとんど影響ない．ここでは，電圧安定化回路を用いない設計とする．

電源トランスには，$\pm V_{\mathrm{CC}}$ の2電源が必要であるから，センタタップ付き2次巻線タイプを使用し，ブリッジ整流回路を組み合わせる（**図 4.22**）．

スピーカのインピーダンスは $4\,\Omega$，最大出力電圧は 11.0 V とした．平均電源電流 $I_{\mathrm{DC(AV)}}$ は式 (4.1) より，以下となる．

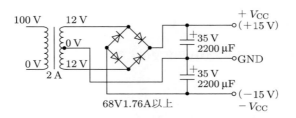

図 4.22 パワー・アンプ用電源回路

$$I_{\text{DC(AV)}} = \frac{1}{\pi}\frac{V_o}{R_L} \approx \frac{1}{3.14}\frac{11.0}{4} \approx 0.88\,\text{A} \tag{4.32}$$

電源トランスに必要な定格電流 I_{ac} は式 (4.22) より 1.24 A となるが，平滑回路のキャパシタンスが大きくなると電流のピークも大きくなりトランスがそれだけの電流を供給できなくなることと，瞬間的には最大出力電流 2.74 A が必要であることから，2.0 A とする．

トランスの 2 次側電圧 V_{ac} は，式 (4.23) より以下となる．

$$2V_{\text{CC}} = \sqrt{2}(2V_{ac}) - 2V_D \tag{4.33}$$

電源電圧 $\pm V_{\text{CC}}$ を $\pm 15\,\text{V}$ とするためには，リプルによる電圧低下 V_r を 0.5 V 見込めば，

$$V_{ac} = \frac{(V_{\text{CC}} + V_r) + V_D}{\sqrt{2}} \approx \frac{(15 + 0.5) + 0.7}{\sqrt{2}} \approx 11.5\,\text{V} \tag{4.34}$$

となるから，12 V×2，2 A の巻線をもつトランスを選定する．このとき，トランスの無負荷時電圧上昇を 20%，商用電源電圧変動を 10% 見込めば，式 (4.23) より V_{DC} の最大値は 21.0 V となる．これはオペアンプの絶対最大定格に収まっている．

整流ダイオードは 12 V×2 の巻線電圧が加わるから式 (4.25) で $V_{ac} = 24\,\text{V}$ として，$V_{\text{RRM}} > 68\,\text{V}$ とする．平均電流は 0.88 A であるが，ディレーティングを考慮して $I_{\text{F(AV)}} > 1.76\,\text{A}$ とする．以上の条件より表 4.4 に示した PS2010R などが使用可能である．

ケミコン容量は式 (4.29) より求める．

$$C = \frac{25}{2\pi \times 100 \times \dfrac{15}{0.88}} \approx 2334\,\mu\text{F} \tag{4.35}$$

定格電圧は式 (4.31) より，以下となる．

$$V_{\text{RV}} \geqq \sqrt{2} \times 12 \times 1.5 \approx 25.4 \text{ V} \tag{4.36}$$

式 (4.35)，(4.36) より，35 V 2200 μF を使用する．

練習問題

4.6 8 Ω のスピーカに 50 W を供給するために必要な電源トランス電圧，容量を求めよ．ただしブリッジ整流を用い，アンプの電源電圧は最大出力電圧 +3 V，リプルによる電圧降下を 0.5 V とする．

4.7 ブリッジ整流で出力電圧 20 V を得たい．ダイオードの耐圧は何 V 以上必要か．

4.4 電圧安定化回路

4.4.1 電圧変動率と内部抵抗

電源では，負荷に流す電流が大きくなればなるほど，出力電圧は低下する（図 4.23）．この出力電圧の低下割合を電圧変動率（voltage regulation factor）とよぶ．もちろん，電圧変動率は小さいほうが望ましい．

無負荷時（出力電流 = 0）の出力電圧を V_o，負荷を接続したときの出力電圧を V_1 とすれば，電圧変動率 k は以下となる．

$$k = \frac{V_\text{o} - V_1}{V_1} \times 100 \text{ \%} \tag{4.37}$$

出力電圧は，電源の内部インピーダンスの影響を受けて低下する．図 4.23 に示すテブナン等価回路を考えれば，出力電流 1 A の増加によって出力電圧が 1 V 低下する電源回路は 1 Ω の内部抵抗とわかる．電圧変動を少なくすることは，すなわち内部抵

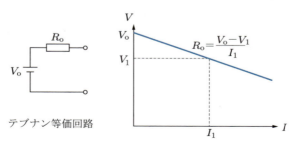

図 4.23　電圧変動率

抗を小さくすることである．

練習問題

4.8 負荷電流 0.1 A のとき出力電圧 20 V，負荷電流 1 A のとき出力電圧 19.7 V となる電源のテブナン等価回路を描け．また，この電源から 3 A を出力するときの出力電圧は何 V か．

4.4.2　一石レギュレータ

電子回路を用いて電圧変動率を小さくする回路が電圧安定化回路（定電圧回路，voltage regulator）である．その最も基本的な回路が図 4.24 に示す一石レギュレータ[1]である．回路では，ツェナー・ダイオード V_Z を使用し，トランジスタ Q_1 のベース電位を与えている．Q_1 はエミッタ・フォロワであり，出力電圧 V_{OUT} は Q_1 のベース電位より V_{BE} だけ低くなるから，以下となる．

$$V_{OUT} = V_Z - V_{BE} \tag{4.38}$$

Q_1 のベース電流 I_{B1} は，回路の出力電流 I_{OUT} と Q_1 の h_{FE1} より，

$$I_{B1} = \frac{I_{OUT}}{h_{FE1}} \tag{4.39}$$

となるから，R_1 には最大出力 $I_{OUT(MAX)}$ 時の 2 倍くらいのアイドリング電流を流す．

$$R_1 = \frac{V_{IN} - V_z}{2 \cdot I_{B1(MAX)}} = \frac{V_{IN} - V_z}{2 \cdot I_{OUT(MAX)}} h_{FE1} \tag{4.40}$$

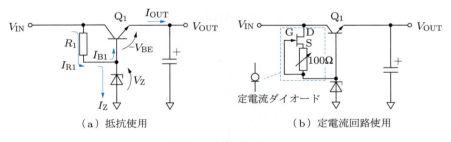

（a）抵抗使用　　　　　　　　　　（b）定電流回路使用

図 4.24　一石レギュレータ

---

[1] トランジスタのことを俗に「石」とよぶ．昔は真空管を「球」とよんでいた．増幅素子が高価であった時代は，「六石スーパーラジオ」などとトランジスタの数が回路の名前として使われていた．

また，R_1 の代わりに JFET を定電流回路として使用することもできる（図 4.24（b））．これによって V_{IN} の変動による I_{R1} の変化が低減される．なお，この回路を 1 個の素子として構成したものが定電流ダイオードである．

出力には 10 ～ 100 µF 程度のキャパシタを使用し，回路の出力インピーダンスを低下させる．

 練習問題

4.9 図 4.24（a）の回路でトランジスタの $h_{FE} = 100$ とする．無負荷時入力電圧 20 V，出力電圧 15 V として，ツェナー・ダイオードに 20 mA 流すには，R_1 の値はいくらにすればよいか．また，1 A 出力時のトランジスタの全損失を求めよ．

4.4.3　三端子レギュレータの使用法

とくに大電流や可変電圧を要しない限り，電圧安定化回路には，三端子レギュレータ（three-terminal regulator）IC が使いやすい．三端子レギュレータは，多くのメーカーから，正負，電圧 ±3.3 ～ 24 V，電流 0.1 ～ 5 A の品種が供給されている．

標準的な回路接続を図 4.25 に示す．IC は + 用と − 用ではピン配置が異なっていることに注意する．

入力キャパシタ C_i は，平滑回路から三端子レギュレータに至る配線インピーダンスに起因する発振を防ぐ．三端子レギュレータもフィードバックをもった電子回路であり，オペアンプと同じく電源インピーダンスによって不安定動作することがある．ここは，0.01 ～ 0.1 µF 程度のフィルムまたはセラミック・キャパシタを用いる．

出力キャパシタ C_o も発振防止のために必要となる．こちらは 10 ～ 100 µF 程度の電解キャパシタを使用する．なお，これらのキャパシタ値は IC によって最適値が異なるので，データ・シートで確認する．

電源を切断した後も負荷側に残留電圧がある場合，三端子レギュレータに逆電圧が

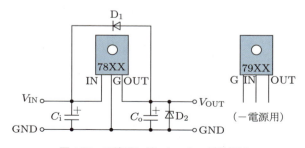

図 4.25　三端子レギュレータの標準接続

印加され，破壊されることがある．D_1 は逆電圧を入力側に戻す保護回路である．また D_2 は，出力がマイナスになって逆電圧が印加されることを防ぐ．ツェナー電圧は，三端子レギュレータの出力電圧より 1 V 以上高い品を使用する．なお，オペアンプ回路では，まず逆電圧の印加はないので D_1, D_2 は使用しなくてよい．

三端子レギュレータの使用にあたっては，以下の点に注意する．
(1) 最大入力電圧 (20 〜 40 V) を超えない．
(2) 最小入出力間電圧差 V_D (一般品は 2 V) を確保する．
(3) 損失 ((入力電圧 − 出力電圧) × 出力電流) を計算し，許容損失以下になるよう必要に応じてヒートシンクを取り付ける．

4.4.4　三端子レギュレータの特性

表 4.5 に三端子レギュレータの電気的特性を示す．

出力電圧 V_{OUT} は，所定の測定条件での出力値である．いずれも標準値 ± 5% 以内となっている．ただし，入力電圧が上昇すると出力電圧も上昇する．入力安定度は，入力電圧が測定条件内で変動したとき出力電圧がどれほど変化するかを示す．

負荷電流が増加すると出力電圧は低下する．負荷安定度は，出力 (負荷) 電流の変化に対する出力電圧の変化を示す．

バイアス電流 (回路動作電流) I_B は，IC の動作に必要な電流である．IC の消費電力

表 4.5　三端子レギュレータ (TA7805F) の電気的特性 (データ・シート (12) より)

項目	記号	測定条件		最小	標準	最大	単位
出力電圧	V_{OUT}	$T_j = 25℃$, $I_{OUT} = 100$ mA		4.8	5.0	5.2	V
		$T_j = 25℃$	7.0 V ≦ V_{IN} ≦ 20 V 5.0 mA ≦ I_{OUT} ≦ 1.0 A	4.75	–	5.25	
入力安定度	Reg・line	$T_j = 25℃$	7.0 V ≦ V_{IN} ≦ 25 V	–	3	100	mV
			8.0 V ≦ V_{IN} ≦ 12 V	–	1	50	
負荷安定度	Reg・load	$T_j = 25℃$	5 mA ≦ I_{OUT} ≦ 1.4 A	–	15	100	mV
			250 mA ≦ I_{OUT} ≦ 750 mA	–	5	50	
バイアス電流	I_B	$T_j = 25℃$, $I_{OUT} = 5$ mA		–	4.2	8.0	mA
リプル圧縮度	R.R.	$f = 120$ Hz, 10 V ≦ V_{IN} ≦ 18 V, I_{OUT} = 50 mA, $T_j = 25℃$		57	73	–	dB
最小入出力間電圧差	V_D	$I_{OUT} = 1.0$ A, $T_j = 25℃$		–	2.0	–	V
出力短絡電流	I_{SC}	$T_j = 25℃$		–	1.6	–	A
出力電圧温度係数	T_{CVO}	$I_{OUT} = 5$ mA		–	− 0.8	–	mV/℃

(指定のない場合は $V_{IN} = 10$ V, $I_{OUT} = 500$ mA, 0℃ ≦ T_j ≦ 125℃)

P_D は以下となる.

$$P_D = (V_{IN} - V_{OUT})I_{OUT} + V_{IN} \cdot I_B \tag{4.41}$$

消費電力が絶対最大定格を上回らないよう確認する．

リプル圧縮度 R.R. は，入力直流電圧に測定条件の正弦波を加えたとき正弦波の振幅 $V_{IN(sin)}$ と出力に現れるリプル電圧の $V_{O(ripple)}$ 比である．

$$\mathrm{R.R.} = 20 \log \left(\frac{V_{IN(sin)}}{V_{O(ripple)}} \right) \quad [\mathrm{dB}] \tag{4.42}$$

最小入出力間電圧差 V_D は，レギュレータが動作するために必要な電位差である．リプルを含んだ入力電圧の最低値で V_D を確保していなければならない．

出力短絡電流 I_{SC} は，出力を短絡したときに流れる電流である．保護回路が制限する値であり，後述するように最大出力電流よりも小さな値となる．出力電圧温度係数 T_{CVO} は，1℃の温度上昇で出力電圧が何 mV 変化するかを示す．

4.4.5 三端子レギュレータの内部構成

図 4.26 に三端子レギュレータの基本構成を示す．IC は基準電圧，誤差アンプ（オペアンプ）および出力トランジスタから構成される．

(1) 基準電圧回路

基準電圧は，電源 IC の出力電圧を決定する．電源電圧や温度，その他の条件で変動しないことが必要である．多くの IC ではバンド・ギャップ・レファレンス（band gap reference）が使用されている．

図 4.27 にバンド・ギャップ・レファレンスの原理を示す．Q_2 のコレクタ電流 I_{C2}

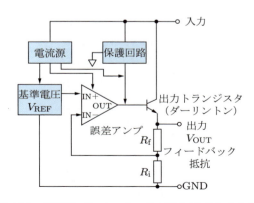

図 4.26　三端子レギュレータの基本構成（文献 (17) より）

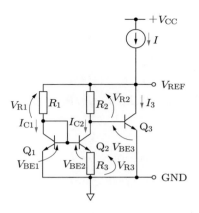

図 4.27 バンド・ギャップ・レファレンス回路

はエミッタ電流 I_{E2} とほぼ等しいので，R_2 の電圧 V_{R2} と R_3 の電圧 V_{R3} は，抵抗値 R_2 と R_3 に比例する．

$$\frac{V_{R2}}{V_{R3}} = \frac{R_2}{R_3} \tag{4.43}$$

また，R_3 の電圧 V_{R3} は，Q_1 と Q_2 のベース・エミッタ間電圧の差 ΔV_{BE} と等しい．

$$V_{R3} = \Delta V_{BE} = V_{BE1} - V_{BE2} \tag{4.44}$$

ここで $V_{BE1} \approx V_{BE3}$ であるから，$V_{R1} \approx V_{R2}$ であり，$V_{R1} = I_{C1}R_1$，$V_{R2} = I_{C2}R_2$ より以下の関係が求まる．

$$\frac{I_{C1}}{I_{C2}} = \frac{R_2}{R_1} \tag{4.45}$$

式 (3.9)，(4.44)，(4.45) より次式となる．

$$\Delta V_{BE} = V_T \ln \frac{I_{C1}}{I_{S1}} - V_T \ln \frac{I_{C2}}{I_{S2}} = V_T \ln \frac{I_{C1}}{I_{S1}} \frac{I_{S2}}{I_{C2}} = V_T \ln \frac{I_{S2}}{I_{S1}} \frac{R_2}{R_1} \tag{4.46}$$

基準電圧 V_{REF} は，Q_3 のベース・エミッタ間電圧 V_{BE3} と V_{R2} の和である．

$$V_{REF} = V_{BE3} + V_{R2} = V_{BE3} + \Delta V_{BE} \frac{R_2}{R_3} \tag{4.47}$$

$I_{S1} \approx I_{S2}$ であるから，式 (4.46) を式 (4.47) に代入して，以下となる．

4.4 電圧安定化回路

$$V_{\text{REF}} \approx V_{\text{BE3}} + \frac{R_2}{R_3}\left(V_{\text{T}} \ln \frac{R_2}{R_1}\right) \tag{4.48}$$

V_{T} は温度とともに上昇し，一方，V_{BE3} は温度とともに減少するから，使用温度範囲での温度変化をうち消すように R_2/R_3，R_2/R_1 を選び，温度補償された基準電圧 V_{REF} を作る．

(2) 誤差アンプ

誤差アンプ（オペアンプ）は，基準電圧と，フィードバックされた出力電圧を比較し，出力電圧を制御する．非反転アンプ回路であり，出力電圧を V_{OUT}，基準電圧を V_{REF} とすると，

$$V_{\text{OUT}} = \frac{A}{1+A\beta} V_{\text{REF}} \tag{4.49}$$

となる．ここで，A は誤差アンプのオープンループ・ゲイン，$\beta = R_i/(R_i+R_f)$ である．

いま，負荷電流が増加したとする．負荷に供給される電流は出力トランジスタのエミッタ電流であるから，これが増えれば，トランジスタの V_{BE} も大きくなる．すると出力端子の電圧が下がる．この電圧降下は $R_i/(R_i+R_f)$ 倍されて誤差アンプの反転入力端子に入る．これにより誤差アンプの入力電圧（非反転入力端子電圧－反転入力端子電圧）が大きくなり，出力はプラスに動く．結果として，トランジスタのベース電位が上昇し，V_{BE} の増加をうち消して出力端子の電圧を一定に保つ．負荷電流が減少したときも，それぞれが逆方向に動いて出力端子の電圧を一定に保つ．

(3) 出力トランジスタ

誤差アンプの出力は npn トランジスタに入力される．図 4.26 では 1 個のトランジスタ記号で示しているが，出力段はダーリントン・トランジスタとなっている．

(4) 保護回路

負荷の短絡などにより過大な負荷電流が流れ，IC が損傷を受けるのを防ぐため保護回路が内蔵されている．

図 4.28 に過電流保護回路の例を示す．出力電流の増加によって，ダーリントン接続された出力トランジスタのエミッタに挿入された電流検出抵抗の電圧が大きくなる．すると電流制限トランジスタのベース電位が高くなり，コレクタ電流が大きくなる．これにより出力段トランジスタのベース電流が制限され，出力電流の増加を抑える．

安全動作領域（SOA）制限回路は，入出力間の電圧差が大きくなりツェナー・ダイオードのブレークダウン電圧を超えると，電流制限トランジスタのベース電流を増やして，出力段トランジスタの電流を制限する．入出力間電位差が大きいほどツェナー・ダイ

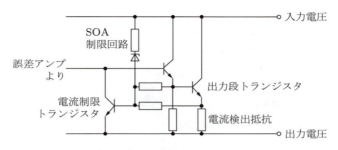

図 4.28　過電流保護回路（文献 (17) より）

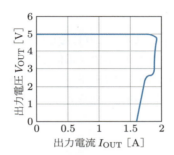

図 4.29　TA7805F 出力電圧対出力電流特性（データ・シート (12) より）

オードの電流が増え，出力段パワートランジスタのベース電流を制限するので，負荷特性は「フの字」(foldback) 形の垂下特性となる（図 4.29）．

4.4.6　低飽和型三端子レギュレータ

電源電圧が低く，2 V の最小入出力間電圧を確保できない場合や，できるだけ電源電圧を低くしたい場合（単三電池 4 本で 5 V を得たいときなど）には，低飽和タイプの IC を使用する．

一般的な電源 IC と低飽和タイプの出力段を図 4.30 に示す．一般タイプでは，出力段にダーリントン接続された npn トランジスタを使用しているため，ベース・エミッタ間の順電圧が約 0.7 V×2＝1.4 V 以上必要となる．したがって，入出力間電圧差は，最低でもこれ以上の値が必要である．

一方，低飽和タイプの IC では，pnp トランジスタを用いてコレクタを出力としている．エミッタ・コレクタ間の飽和電圧 $V_{CE(sat)}$ は V_{BE} よりも小さく 0.5 V 程度であるため，入出力電圧差を小さくできる．

ところで，一般タイプのエミッタ出力では，フィードバックを用いなくてもエミッ

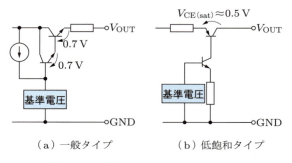

（a）一般タイプ　　　　　（b）低飽和タイプ

図 4.30　三端子レギュレータの出力回路

タ電位はベース電位 $-2V_{BE}$ に定まる．これに対し低飽和タイプの IC では，フィードバックによって出力トランジスタのコレクタ電位を一定に保つ．コレクタ出力では出力インピーダンスも高くなるため，フィードバックが正確に動作するよう，出力キャパシタの容量はデータ・シートに指定の値を守る．

　練習問題

4.10 表 4.5 に示される三端子レギュレータ (TF7805F) を使用したとき，以下の値を求めよ．
(1) 出力電圧が 10℃ で 5.000 V であったとする．40℃ では何 V になるか．入力電圧，負荷電流は一定とする．T_{CVO} の値は標準値を使用せよ．
(2) 入力電圧には 250 mV$_{p-p}$ のリプルがあるとき，出力電圧のリプルは標準で何 mV$_{p-p}$ になるか．ただし入力電圧，出力電流は表に示される条件とする．R.R. は標準値を使用せよ．

演習問題

4.1 プッシュプル回路の動作を説明せよ．
4.2 ブリッジ整流回路を描き，動作を説明せよ．
4.3 熱暴走のメカニズムを説明し，防止する方法を述べよ．
4.4 $P_{T(T_C=25℃)} = 60$ W，$T_j = 150$℃のトランジスタを全損失 20 W で使用したい．必要なヒートシンクの熱抵抗を求めよ．ただし，外気温を 60℃ として，トランジスタとヒートシンクの間の熱抵抗を 0.5℃/W とする．
4.5 $P_T = 50$ W，$T_j = 150$℃のトランジスタを熱抵抗 3.0℃/W のヒートシンクに取り付けて使う場合，トランジスタの全損失は何 W 以下でなければならないか．ただし，外気温 65℃ として，トランジスタとヒートシンク間の熱抵抗を 0.5℃/W とする．
4.6 10 Ω の負荷抵抗に最大で ±30 V の電圧を出力できる B 級プッシュプル回路を設計したい．この回路に使用するトランジスタに必要な最大定格 V_{CEO}，I_C，P_C の最小値を求めよ．ただし，トランジスタは 25℃ の理想ヒートシンクに固定された状態とする．

4.7 負荷に直流 20 V, 3 A を供給できる電源回路を設計したい．ブリッジ整流回路を使用するとして，トランスの2次側電圧，定格容量，整流回路に使用するダイオードの耐圧，平均順電流の最小値を求めよ．商用電源の電圧変動，ダイオードのディレーティングは考慮しなくてよい．リプルによる電圧低下を 0.5 V 見込むこと．

4.8 無負荷時出力電圧 10.0 V の電源に 18 Ω の抵抗を接続したところ，電源電圧が 9 V に低下した．電源の内部抵抗を求めよ．また，この電源に 10 Ω の負荷を接続すれば，出力電圧は何 V になるか．

4.9 TA7805F を使用し，$V_{IN}=10$ V, $I_{OUT}=0.1$ A であれば，IC の消費電力はいくらか．I_B 値は表 4.5 の標準値を用いよ．

4.10 TA7805F は $P_{T(T_a=25℃)}=1$ W, $T_j=150$℃ である．入力電圧 $V_{IN}=12$ V であれば，ヒートシンクを使用しないで最大何 A の出力が得られるか．周囲温度 50℃ とする．バイアス電流は無視してよい．

4.11 図 4.26 の回路において基準電圧 $V_{REF}=2.450$ V, $R_i=10$ kΩ のとき，以下の問いに答えよ．
(1) 出力電圧 V_{OUT} が 12.0 V となるよう R_f を求めよ．誤差アンプ（オペアンプ）のオープンループ・ゲインは無限大と考えよ．
(2) (1) で求めた R_f を用いたとき，誤差アンプのオープンループ・ゲインが 60 dB であれば，出力電圧 V_{OUT} は何 V となるか．
(3) 三端子レギュレータの出力抵抗を実測したい．方法を説明せよ．

5 オペアンプの回路構成

　オペアンプの内部も，トランジスタで構成されたアンプ回路である．この章では，高入力インピーダンス，高ゲインなど，優れた性能をもつオペアンプ回路がどのように構成されているのかを学んでみよう．回路構成を知ることによって，よりオペアンプの性能を発揮できる回路設計ができるようになる．

　さらに，広帯域特性をもつカレントフィードバック・オペアンプについて，その特徴，回路構成を見てみよう．

5.1 オペアンプの内部回路

　RC4558は初期の代表的なオペアンプ741の入力段を差動アンプに変更したタイプで，現在もポピュラーに使用されているオペアンプの一つである．

　4558の内部等価回路を図5.1に示す．図5.1の回路図は複雑であるので，簡略化した回路を図5.2に示す．4558は，差動入力段，電圧増幅段，出力段の3段で構成されたアンプである．これは，オペアンプとして最も一般的な構成である．それでは，差動アンプから詳しく見てみよう．

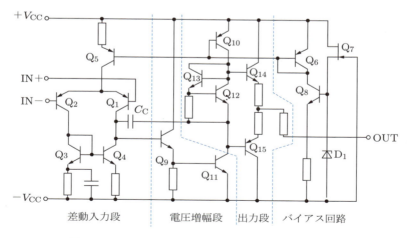

図5.1　RC4558の内部等価回路（データ・シート(1)より）

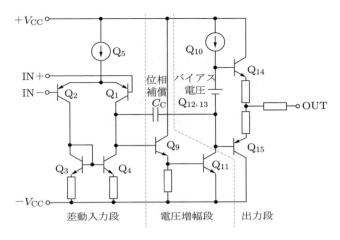

図 5.2　簡略化した RC4558 の内部等価回路

5.1.1　差動アンプ

多くのオペアンプでは，二つのトランジスタで構成される差動アンプ（differential pair）が入力段に使用されている（**図 5.3**）．差動アンプは，二つのトランジスタのエミッタを接続して等電位とし，ベース電位の差を入力としてコレクタ電流の差を抵抗 R_C により電圧に変換して出力とする．二つのトランジスタのベースに加わる同相信号は増幅しないで，差成分のみを増幅する．

図 5.3 (a) は pnp トランジスタで構成した差動アンプ，図 (b) は npn トランジスタを使用した回路である．図 5.3 (a) と (b) の回路は，バイアス電流の向きが異なるだけ

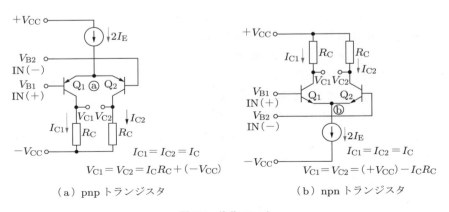

（a）pnp トランジスタ　　　　　　（b）npn トランジスタ

図 5.3　差動アンプ

5.1　オペアンプの内部回路

で動作は同じである．いま，それぞれの回路のトランジスタ Q_1 および Q_2 は同じ特性とする．Q_1 および Q_2 の入力電圧 $V_{B1}=V_{B2}=0\,\mathrm{V}$ とすれば，図 (a) の pnp トランジスタでは共通エミッタⓐ点の電位は $+V_{BE}$，図 (b) の npn トランジスタの共通エミッタⓑ点の電位は $-V_{BE}$ となる．

二つのトランジスタが同じ特性であるなら，同じ V_{BE} に対してコレクタ電流も同じになる．共通エミッタに接続された電流源の電流を $2I_E$ とすれば，I_C はその半分である．

$$I_{C1}=I_{C2}=I_C\approx I_E \tag{5.1}$$

出力電圧は，それぞれ以下となる．

$$V_{C1}=V_{C2}=I_C\cdot R_C+(-V_{CC}) \tag{5.2a}$$

$$V_{C1}=V_{C2}=(+V_{CC})-I_C\cdot R_C \tag{5.2b}$$

差動出力電圧 $V_o=V_{C1}-V_{C2}$ と定義すれば，(a) の pnp トランジスタ構成も (b) の npn トランジスタ構成もどちらも以下となる．

$$V_o=V_{C1}-V_{C2} \tag{5.3}$$

ここで**差動入力電圧** V_d および**同相入力電圧** V_{cm} を以下のように定義する．

$$V_d=V_{B1}-V_{B2} \tag{5.4}$$

$$V_{cm}=\frac{1}{2}(V_{B1}+V_{B2}) \tag{5.5}$$

ここで，図 1.31 の V_{IN+} を V_{B1}，V_{IN-} を V_{B2} と読み換える．

図 5.4 (a) に差動電圧 V_d が入力された場合を示す（同相電圧 $V_{cm}=0$ とする）．CMRR を計算するために，定電流回路のインピーダンスを R_E とする．

図 5.4 (b) に小信号等価回路を示す．トランジスタの出力抵抗は R_C に比して大きいので無視する．$V_{cm}=0$ であるから入力電圧 v_d は Q_1 と Q_2 に等しく 1/2 ずつ入力される．二つのトランジスタが完全に同じ特性だとすると $r_{\pi1}=r_{\pi2}=r_\pi$ であって $v_1=-v_2$，$i_{b1}=-i_{b2}$，$g_{m1}=g_{m2}=g_m$ であるから $g_m v_1=-g_m v_2$ である．R_E を流れる電流 $i_e=0$ となるから，R_E はあってもなくても回路の動作は変わらない．したがって，図 5.4 (c) に示す R_E をなくした半分の回路だけを考えればよい．図 5.4 (c) は，図 3.17 (b) に示したエミッタ接地回路の小信号等価回路（ただし $r_o=\infty$）と同じであるから，出力電圧も式 (3.24) と同じである．

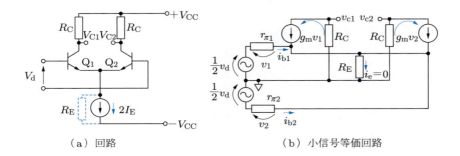

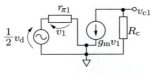

（a）回路　　　　　　　　　　（b）小信号等価回路

（c）1/2の小信号等価回路

図 5.4　差動アンプの動作（差動信号入力）

$$v_{c1} = -g_m R_C \frac{v_d}{2} \tag{5.6}$$

Q_2 側の回路についても同じである．

$$v_{c2} = -g_m R_C \left(-\frac{v_d}{2}\right) \tag{5.7}$$

差動アンプの出力電圧は次式である．

$$v_{od} = v_{c1} - v_{c2} \tag{5.8}$$

式 (5.6), (5.7), (5.8) より，差動電圧ゲイン A_d は以下となる．

$$A_d = \frac{v_{od}}{v_d} = -g_m R_C \tag{5.9}$$

次に，同相電圧 v_{cm} が入力された状態を考える（**図 5.5**(a)）．ここでも二つのトランジスタの特性は等しいとすれば，$v_1 = v_2$（符号も同じ）であるから，$g_m v_1 = g_m v_2$ である．したがって，ⓑ点を二つに分け，それぞれのエミッタ抵抗電流が I_E になるように $2R_E$ とした図 5.5(b) の小信号等価回路が得られる．ここで $v_{c1} = v_{c2} = v_c$ であるから，図 5.5(c) に示す半分の回路だけを考えればよい．図 5.5(c) のベース電流 i_b とコレクタ電流 i_c は，以下の関係となる．

5.1　オペアンプの内部回路

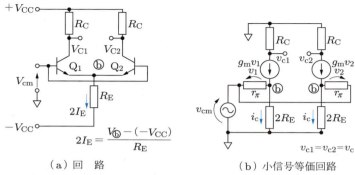

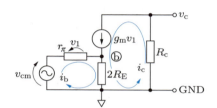

(c) 1/2 の小信号等価回路

図 5.5 差動アンプの動作（同相信号入力）

$$i_c = g_m \cdot v_1 = g_m r_\pi i_b \tag{5.10}$$

ⓑ点の電位 $v_ⓑ$ は以下となる．

$$v_ⓑ = 2R_E (i_b + i_c) = 2R_E i_b (1 + g_m r_\pi) \tag{5.11}$$

入力電圧 v_{cm} は v_1 と $v_ⓑ$ を足した値となる．

$$v_{cm} = r_\pi i_b + 2R_E i_b (1 + g_m r_\pi) = \{r_\pi + 2R_E (1 + g_m r_\pi)\} i_b \tag{5.12}$$

出力電圧 v_c は次式となる．

$$v_c = -i_c R_C = -g_m R_C r_\pi i_b \tag{5.13}$$

式 (5.12)，(5.13) より同相電圧ゲイン A_{cm} が求まる．

$$A_{\text{cm}} = \frac{v_{\text{c}}}{v_{\text{cm}}} = \frac{-g_{\text{m}} R_{\text{C}} r_\pi i_{\text{b}}}{\{r_\pi + 2R_{\text{E}}(1+g_{\text{m}} r_\pi)\} i_{\text{b}}} = -\frac{g_{\text{m}} R_{\text{C}}}{1 + 2R_{\text{E}}\left(\dfrac{1}{r_\pi} + g_{\text{m}}\right)}$$

$$\approx -\frac{g_{\text{m}} R_{\text{C}}}{1 + 2g_{\text{m}} R_{\text{E}}} \tag{5.14}$$

同相信号除去比 CMRR は，式 (5.9) および式 (5.14) から以下となる．

$$\text{CMRR} = \frac{A_{\text{d}}}{A_{\text{cm}}} \approx 1 + 2g_{\text{m}} R_{\text{E}} \tag{5.15}$$

式 (5.15) からは，CMRR を大きくするためにはエミッタ抵抗 R_{E} を大きくすればよいことがわかる．しかし，

$$-V_{\text{CC}} = -I_{\text{E}} \cdot R_{\text{E}} - V_{\text{BE}} \tag{5.16}$$

であるから R_{E} をむやみに大きくはできない．このためオペアンプでは，数百 kΩ 以上の出力インピーダンスをもつ定電流回路を使用して CMRR を確保している．また，定電流回路を使用すれば，電源電圧が変化しても差動アンプの電流を一定に保つことができる．

以上の結果は，pnp 回路も npn 回路も同じである．差動アンプは二つのトランジスタから構成されているが，式 (5.9) および式 (5.14) のゲイン特性をもった一つの増幅段である．

例題 5.1

図 5.5 (a) の差動アンプで $\pm V_{\text{CC}} = \pm 15\,\text{V}$，$R_{\text{E}} = 15\,\text{k}\Omega$，$R_{\text{C}} = 3\,\text{k}\Omega$ である．差動電圧ゲイン，同相電圧ゲイン，CMRR を求めよ．

解 $I_{\text{E}} = \dfrac{1}{2} \dfrac{-(V_{\text{BE}} - V_{\text{CC}})}{R_{\text{E}}} = \dfrac{-(0.6 - 15)}{2 \times 15\text{k}} \approx 0.48\,\text{mA}$

式 (5.9) より，以下となる．
$$A_{\text{d}} = -g_{\text{m}} R_{\text{C}} = -38.5 \times 0.48\,\text{m} \times 3\,\text{k} \approx -55.4$$

式 (5.14) より，以下となる．
$$A_{\text{cm}} = -\frac{g_{\text{m}} R_{\text{C}}}{1 + 2g_{\text{m}} R_{\text{E}}} \approx -\frac{38.5 \times 0.48\text{m} \times 3\,\text{k}}{1 + 2 \times 38.5 \times 0.48\text{m} \times 15\,\text{k}} \approx -0.100$$

式 (5.15) より，以下となる．

$$\text{CMRR} = \frac{A_\text{d}}{A_\text{cm}} \approx 1 + 2g_\text{m}R_\text{E} = 1 + 2 \times 38.5 \times 0.48\text{m} \times 15\text{ k} \approx 555 \approx 54.9\text{ dB}$$

練習問題

5.1 図 5.5(a) の差動アンプで $\pm V_\text{CC} = \pm 15\text{ V}$ とする．差動電圧ゲインを -100 とするためには，R_E, R_C を何 Ω にすればよいか．また，そのときの CMRR は何 dB か．$I_\text{C} = 1\text{ mA}$ とする．

5.1.2 カレント・ミラー回路

図 5.1 の等価回路では，差動アンプの負荷は抵抗 R_C ではなく，トランジスタ Q_3 と Q_4 から構成されるカレント・ミラー (current mirror) 回路 (**図 5.6**) となっている．また，図 5.1 をさらに見ると，Q_6 と Q_5, Q_{10} もカレント・ミラーとなっている．カレント・ミラーはその名のとおり，入力と同じ電流を出力する"電流の鏡"である．

図 5.6(a) は npn トランジスタで構成された電流吸い込みタイプ，図 (b) は pnp トランジスタで構成された電流出力タイプである．どちらもトランジスタ Q_1 はダイオード接続である．入力側の電流 I_IN は，以下となる．

$$I_\text{IN} = I_\text{C1} + I_\text{B1} + I_\text{B2} = I_\text{C1} + \frac{I_\text{C1}}{h_\text{FE1}} + \frac{I_\text{C2}}{h_\text{FE2}} \tag{5.17}$$

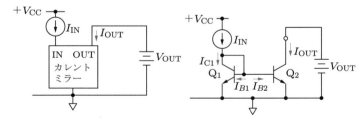

（a）電流吸い込みタイプ

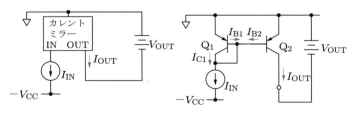

（b）電流出力タイプ

図 5.6 カレント・ミラー回路

ここでトランジスタ Q_1 と Q_2 は同じ特性をもち，コレクタ電流のコレクタ・エミッタ間電圧依存性（アーリー効果）を無視すると，Q_1 と Q_2 には同じベース・エミッタ間電圧が印加されているからコレクタ電流も等しくなる．

$$I_{\text{OUT}} = I_{\text{C2}} \approx I_{\text{C1}} = \frac{I_{\text{IN}}}{1 + \dfrac{2}{h_{\text{FE}}}} \approx I_{\text{IN}} \tag{5.18}$$

さて，実際にはアーリー効果は無視できない誤差をもたらす．$V_{\text{CE2}} = V_{\text{CE1}}$ であれば $I_{\text{C2}} = I_{\text{C1}}$ が成り立つが，$V_{\text{CE2}} > V_{\text{CE1}}$ である．式(3.14)を考慮すると，カレント・ミラー回路の出力電流は以下となる．

$$\frac{I_{\text{OUT}}}{I_{\text{IN}}} \approx \frac{I_{\text{C2}}}{I_{\text{C1}}} = \frac{I_{\text{S}}\exp\left(\dfrac{V_{\text{BE}}}{V_{\text{T}}}\right)\cdot\left(1 + \dfrac{V_{\text{CE2}}}{V_{\text{A}}}\right)}{I_{\text{S}}\exp\left(\dfrac{V_{\text{BE}}}{V_{\text{T}}}\right)\cdot\left(1 + \dfrac{V_{\text{CE1}}}{V_{\text{A}}}\right)} = \frac{\left(1 + \dfrac{V_{\text{CE2}}}{V_{\text{A}}}\right)}{\left(1 + \dfrac{V_{\text{CE1}}}{V_{\text{A}}}\right)} \tag{5.19}$$

カレント・ミラーの出力抵抗 r_o は V_{OUT} と I_{OUT} の変化率で決まるが，これは Q_2 の I_C と V_{CE} の変化率である．したがって式(3.22)より，以下となる．

$$r_\text{o} = \frac{\Delta V_{\text{OUT}}}{\Delta I_{\text{OUT}}} = \frac{\Delta V_{\text{CE2}}}{\Delta I_{\text{C2}}} = \frac{V_\text{A}}{I_{\text{C2}}} \tag{5.20}$$

図 5.1 のオペアンプ等価回路では，**図 5.7** に示すようにカレント・ミラーを構成するトランジスタ Q_1 と Q_2 にエミッタ抵抗 R_{E1} と R_{E2} が使用されている．このエミッタ抵抗は，カレント・ミラー回路の電流のアンバランスを小さくし，出力抵抗を大きくするようはたらく．V_{BE} の増加に対して I_C は指数的に増加するのに対し，エミッタ電

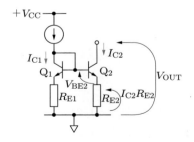

図 5.7　エミッタ抵抗を使用したカレント・ミラー回路

位は $I_C R_E$ であり I_C に比例増加して V_{BE} を減少させるようにはたらく．このため，V_{OUT} の増加による I_{C2} の増加はほとんど打ち消される．V_{OUT} の変動に対する I_{C2} 変化が減少するため，回路の出力抵抗も大きくなる．

例題 5.2

図 5.6(a) のカレント・ミラー回路で，トランジスタのアーリー電圧を 130 V，Q_2 のコレクタ・エミッタ間電圧を 30 V としたときの I_{IN} と I_{OUT} の比を求めよ．

解 式 (5.19) より

$$\frac{I_{OUT}}{I_{IN}} \approx \frac{I_{C2}}{I_{C1}} = \frac{\left(1 + \frac{V_{CE2}}{V_A}\right)}{\left(1 + \frac{V_{CE1}}{V_A}\right)} = \frac{\left(1 + \frac{30}{130}\right)}{\left(1 + \frac{0.6}{130}\right)} \approx 1.23$$

となり，I_{C2} は I_{C1} に比べ約 23% 大きな値となる．

練習問題

5.2 図 5.6(a) の回路において，$I_{IN} = 1$ mA，$V_{OUT} = 12$ V として I_{OUT} を求めよ．ただしトランジスタのアーリー電圧を 150 V とする．また，この回路の出力抵抗を求めよ．

5.1.3 カレント・ミラーを負荷とした差動アンプ

図 5.1 の等価回路では，差動アンプは抵抗ではなくカレント・ミラー回路を負荷としていた．このようにトランジスタなどの能動素子が負荷となる回路を**能動負荷**（active load）とよぶ．カレント・ミラーを負荷としたときの差動アンプの動作を図 5.8 で考えてみよう．

いま，入力には差動電圧 v_d が印加され，同相電圧 $v_{cm} = 0$ とする．このとき Q_1 と Q_2 のベース電位はそれぞれ $\pm v_d / 2$ となるので，コレクタ電流の増減は，以下となる．

$$i_{c1} = -g_m \frac{v_d}{2} \tag{5.21}$$

$$i_{c2} = g_m \frac{v_d}{2} \tag{5.22}$$

ここで，Q_3 と Q_4 のベース電流を無視すれば，以下の関係が得られる．

$$i_{c3} \approx i_{c4} \approx i_{c2} \tag{5.23}$$

次に出力電圧 v_o を求めるために，Q_1 と Q_4 のコレクタ・エミッタ側の小信号等価回路を考える．ⓐ点の電位は，差動アンプの入力が差動成分のみで変動しないから，等価回路ではグランドとみなすことができる．よって，図 5.8(b) の等価回路を得る．こ

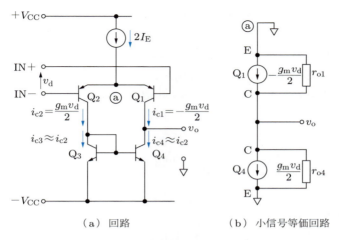

図 5.8 カレント・ミラーを負荷とした差動アンプ

こで r_{o1} と r_{o4} はトランジスタのコレクタ出力抵抗である．等価回路より，

$$v_o = -2\left(\frac{g_m v_d}{2}\right)(r_{o1} \| r_{o4}) \tag{5.24}$$

であるから，差動電圧ゲインは以下となる．

$$A_d = \frac{v_o}{v_d} = -g_m(r_{o1} \| r_{o4}) \tag{5.25}$$

$I_{C1} \approx I_{C4}$ であるから $r_{o1} \approx r_{o4} = r_o$ として式 (3.23) を代入すると以下となる．

$$A_d = -\frac{1}{2} \cdot \frac{V_A}{V_T} \tag{5.26}$$

一方，抵抗負荷差動アンプの差動電圧ゲインは式 (5.9) であった．

$$A_d = -g_m R_C = -\frac{I_C}{V_T} R_C \tag{5.27}$$

ここで電源電圧 $V_{CC} > I_C R_C$ であり，抵抗負荷では A_d を大きな値としたくても，R_C を無制限に大きくはできない．これに対し式 (5.26) の能動（カレント・ミラー）負荷であれば，V_{CC} よりも十倍以上大きなアーリー電圧 V_A が分子にある．このため，抵抗負荷の数十倍のオープンループ・ゲインが可能となる．さらに，電源電圧 V_{CC} が変

わっても A_d が影響を受けないこともカレント・ミラー負荷の利点である．

📋 例題 5.3

図 5.8 (a) のカレント・ミラー負荷差動アンプにおいて，定電流回路の電流 $2I_E$ を 0.4 mA，それぞれのトランジスタのアーリー電圧を 100 V としたときの差動電圧ゲインを求めよ．

解 式 (5.26) より，以下となる．

$$A_d = -\frac{1}{2} \cdot \frac{V_A}{V_T} \approx -\frac{1}{2} \cdot \frac{100\,\mathrm{V}}{26\,\mathrm{mV}} \approx -1923$$

✏️ 練習問題

5.3 例題 5.3 の条件で，カレント・ミラー負荷を使用せず $R_C = 10\,\mathrm{k\Omega}$ を使用したときの差動電圧ゲインを求めよ．

5.1.4 CC–CE 接続，CC–CC 接続

図 5.9 (a) にコレクタ接地-エミッタ接地 (CC–CE) 接続を，図 (b) にコレクタ接地-コレクタ接地 (CC–CC) 接続を示す．どちらもトランジスタ Q_1 が，Q_2 の電流ゲインおよび入力抵抗を増加させる回路である．図 5.2 に示した RC4558 の電圧増幅段 Q_9 と Q_{11} も，CC–CE 接続である．

図 5.9 (a) および (b) の回路は，どちらも図 5.10 (a) のように一つのトランジスタと考えることができる．Q_1 の出力抵抗 r_o を ∞ とすれば，小信号等価回路は図 5.10 (b) となる．なお，図 5.10 の複合トランジスタの端子は，B^c，C^c のように，パラメータは r_π^c，g_m^c のように，それぞれ上付き ^{c} で表す．

$r_{\pi 2}$ には $(1+h_{FE1})\,i_b^c$ が流れるから，電圧 v_1^c は以下となる．

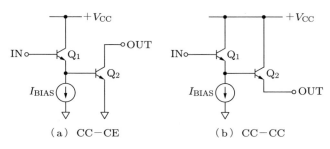

(a) CC–CE 　　　(b) CC–CC

図 5.9　カスケード接続

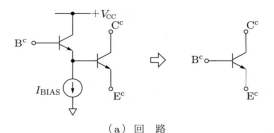

（a）回路

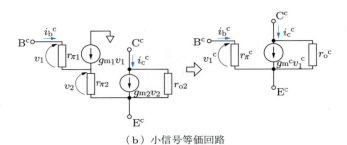

（b）小信号等価回路

図 5.10　カスケード接続の等価回路

$$v_1^c = i_b^c r_\pi^c = v_1 + v_2 = i_b^c \left\{ r_{\pi 1} + (1 + h_{FE1}) r_{\pi 2} \right\} \tag{5.28}$$

これより入力抵抗が求まる．

$$r_\pi^c = \frac{v_1^c}{i_b^c} = r_{\pi 1} + (1 + h_{FE1}) r_{\pi 2} \tag{5.29}$$

複合トランジスタのコレクタ電流 i_c^c は，次式となる．

$$i_c^c = g_m^c v_1^c = g_{m2} v_2 \tag{5.30}$$

複合トランジスタのトランスコンダクタンス g_m^c は式 (5.29)，(5.30) より

$$g_m^c = \frac{i_c^c}{v_1^c} = \frac{g_{m2} v_2}{v_1^c} = \frac{g_{m2}(1 + h_{FE1}) r_{\pi 2}}{r_{\pi 1} + (1 + h_{FE1}) r_{\pi 2}} = \frac{g_{m2}}{1 + \dfrac{r_{\pi 1}}{(1 + h_{FE1}) r_{\pi 2}}} \tag{5.31}$$

であり，$I_{C1} = I_{C2}/h_{FE2}$ なので $g_{m1} = g_{m2}/h_{FE2}$ となり

$$r_{\pi 1} = \frac{h_{FE1}}{g_{m1}} = h_{FE1} \cdot \frac{h_{FE2}}{g_{m2}} = h_{FE1} \cdot r_{\pi 2} \tag{5.32}$$

5.1　オペアンプの内部回路

であるから次式となる．

$$g_\mathrm{m}^\mathrm{c} = \frac{g_\mathrm{m2}}{1+\dfrac{h_\mathrm{FE1}\cdot r_{\pi 2}}{(1+h_\mathrm{FE1})\cdot r_{\pi 2}}} \approx \frac{g_\mathrm{m2}}{2} \tag{5.33}$$

複合トランジスタの電流ゲイン h_FE^c は，

$$h_\mathrm{FE}^\mathrm{c} = \frac{i_\mathrm{c}^\mathrm{c}}{i_\mathrm{b}^\mathrm{c}} = \frac{i_\mathrm{c2}}{i_\mathrm{b1}} \tag{5.34}$$

である．ここで，

$$i_\mathrm{c2} = h_\mathrm{FE2} i_\mathrm{b2} = h_\mathrm{FE2}(1+h_\mathrm{FE1}) i_\mathrm{b1} \tag{5.35}$$

であるから，式 (5.35) を式 (5.34) に代入して，以下となる．

$$h_\mathrm{FE}^\mathrm{c} = h_\mathrm{FE2}(1+h_\mathrm{FE1}) \tag{5.36}$$

複合トランジスタの出力抵抗 r_o^c は，図 5.10 (b) の等価回路より，以下となる．

$$r_\mathrm{o}^\mathrm{c} = r_\mathrm{o2} \tag{5.37}$$

5.1.5 ダーリントン接続

図 5.11 にダーリントン接続を示す．ダーリントン接続では，Q_1 のエミッタ電流がそのまま Q_2 のベース電流となるため，電流ゲイン h_FE^c は CC–CE，CC–CC 接続と同じとなる．

$$h_\mathrm{FE}^\mathrm{c} = \frac{i_\mathrm{c}^\mathrm{c}}{i_\mathrm{b}^\mathrm{c}} = \frac{i_\mathrm{c2}}{i_\mathrm{b1}} = h_\mathrm{FE2}(1+h_\mathrm{FE1}) \tag{5.38}$$

ダーリントン接続はエミッタ・フォロワとして使用するときには CC–CC 接続と同じであり，エミッタ接地として使用するときには CC–CE 接続と同じである．

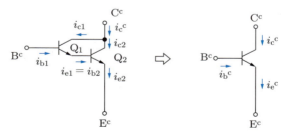

図 5.11 ダーリントン接続

例題 5.4

図 5.11 のダーリントン接続で，Q_1 と Q_2 の $h_{FE} = 120$ のとき，複合トランジスタの $h_{FE}{}^c$ を求めよ．また，トランスコンダクタンス $g_m{}^c$，入力抵抗 $r_\pi{}^c$ を求めよ．ただし $I_{c2} = 1$ mA とする．

解 式 (5.38) より $h_{FE}{}^c$ を求める．

$$h_{FE}{}^c = h_{FE2}(1 + h_{FE1}) = 120 \times (1 + 120) = 14520$$

Q_1 および Q_2 の g_m は，式 (3.20) より求める．

$$g_{m1} \approx 38.5 \times I_{C1} = 38.5 \times I_{B2} = 38.5 \times \frac{1\,\mathrm{mA}}{120} \approx 0.321\,\mathrm{mS}$$

$$g_{m2} \approx 38.5 \times I_{C2} = 38.5 \times 1\,\mathrm{mA} \approx 38.5\,\mathrm{mS}$$

Q_1 および Q_2 の入力抵抗 r_π は，式 (3.21) より求める．

$$r_{\pi 1} = \frac{h_{FE1}}{g_{m1}} \approx \frac{120}{0.321\,\mathrm{m}} \approx 374\,\mathrm{k\Omega}$$

$$r_{\pi 2} = \frac{h_{FE2}}{g_{m2}} \approx \frac{120}{38.5\,\mathrm{m}} \approx 3.12\,\mathrm{k\Omega}$$

式 (5.29) より $r_\pi{}^c$ を求める．

$$r_\pi{}^c \approx 374\,\mathrm{k} + (1 + 120) \times 3.12\,\mathrm{k} \approx 752\,\mathrm{k\Omega}$$

式 (5.33) より以下となる．

$$g_m{}^c \approx \frac{g_{m2}}{2} \approx \frac{38.5\,\mathrm{m}}{2} \approx 19.3\,\mathrm{mS}$$

練習問題

5.4 図 5.9 (a) の CC-CE 接続で，Q_1 と Q_2 の $h_{FE} = 200$，コレクタ電流 $I_{C1} = I_{C2} = 0.5$ mA のとき，トランスコンダクタンス $g_m{}^c$，入力抵抗 $r_\pi{}^c$ を求めよ．

5.5 図 5.11 のダーリントン接続で，コレクタ電流 $i_c{}^c = 2$ mA，Q_1 と Q_2 の $h_{FE} = 100$ である．トランスコンダクタンス $g_m{}^c$，入力抵抗 $r_\pi{}^c$ を求めよ．

5.1.6 バイアス回路

図 5.1 のオペアンプ内部等価回路から，バイアス回路およびカレント・ミラー回路を抜き出したものが図 5.12 である．

ここで，n チャネル JFET (Q_7) は，定電流回路でありツェナー・ダイオード D_1 の電流 I_D を一定に保つ．D_1 の電位 V_Z は，トランジスタ Q_8 のベース電位を定める．I_D を一定に保つことによって電源電圧変動および温度変動による V_Z の変動を小さく抑え，Q_8 のコレクタ電流 I_6 を安定させる．I_6 は，Q_6 と Q_5，Q_{10} で構成されるカレント・

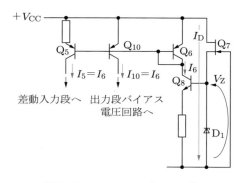
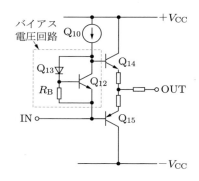

図 5.12　RC4558 のバイアス回路　　　　図 5.13　RC4558 の出力回路

ミラーの入力電流となる．Q_5 と Q_{10} のコレクタ電流 I_5 と I_{10} は，それぞれ I_6 と等しい安定した電流源となり，それぞれ入力段の差動アンプ，出力段のバイアス電源回路へ供給される．

5.1.7　出力回路

図 5.1 の回路の出力段を図 5.13 に示す．出力段を構成する Q_{14} と Q_{15} は B 級プッシュプル回路を構成し，Q_{12} と Q_{13} は出力段のアイドリング電流を決めるバイアス電圧回路を構成する．ダイオード接続された Q_{13} と Q_{12} の二つの V_{BE} が，Q_{14} と Q_{15} のバイアス電圧となる．

5.1.8　位相補償

2 章で見てきたように，オペアンプは 1 次のローパス・フィルタ特性となるように内部で位相補償されている．この位相補償には 3.3.7 項で学んだミラー効果が利用されている．

図 5.14 は，図 5.1 から差動入力段と電圧増幅段を抜き出した回路である．電圧増幅段は Q_9，Q_{11} の CC-CE 接続であるから，これを一つの複合トランジスタ Q_c としている．位相補償キャパシタ C_C は，この複合トランジスタのベース・コレクタ間に接続されている．

2.4.4 項で学んだように，ボルテージ・フォロワとしても発振しない条件は，ユニティゲイン周波数において 45° 以上の位相余裕を確保することであった．この条件を満たすように，ミラー効果を利用して小さな C_C の容量から大きな C_M を作り出し，第 1 のカットオフを作っている．

ところで，位相補償キャパシタ C_C を充電あるいは放電させるためには，電荷を供

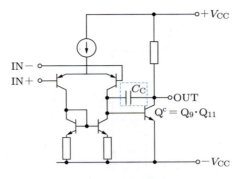

図 5.14　位相補償回路

給あるいは放出させなければならない．しかし，差動アンプ側からの充放電電流は最大でも $2I_E$（電流源の大きさ）であるため，位相補償キャパシタでの電圧の変化率は $2I_E/C_C$ を超えることができない．これがオペアンプのスルー・レートの上限となる．電圧変化率の大きくなる高周波では，スルー・レートがアンプの最大振幅を制限する．

5.2　JFET 入力オペアンプ

図 5.15 に p チャネル JFET を入力差動アンプに使用した TL072 の内部構成を示す．入力回路を除けば，基本的には図 5.1 に示した RC4558 と同じ構成である．BJT がコレクタ電流を流すためにはベース電流を必要とするのに対し，JFET はドレイン電流を流すためにゲート電流を必要としない．このため JFET 入力オペアンプは BJT 入力に比べ，入力バイアス電流が小さくなる．

図 5.16 に p チャネル JFET 差動アンプを示す．JFET もゲインは式 (5.9) に示した BJT と同じ形となる．

$$A_d = -g_m R_D \tag{5.39}$$

CMRR も式 (5.15) と同じ形となる．

$$CMRR = 1 + 2g_m R_S \tag{5.40}$$

ただし，式 (3.66) で示したように JFET の g_m は，

$$g_m = -\frac{2\sqrt{I_{DSS} \cdot I_D}}{V_P} \tag{3.66}$$

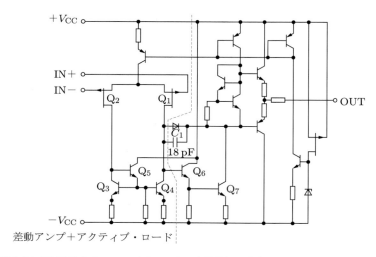

図 5.15　JFET 入力オペアンプ (TL072) の内部等価回路 (データ・シート (2) より)

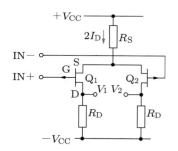

図 5.16　JFET 差動アンプ回路

であり，式 (3.19) で示した BJT の g_m,

$$g_\mathrm{m} = \frac{I_\mathrm{C}}{V_\mathrm{T}} \tag{3.19}$$

とは異なる．ピンチオフ電圧 V_p は－数 100 mV であり，常温で 26 mV である熱電圧 V_T に比べて数倍以上大きい．このため，同じバイアス電流での JFET 差動アンプのゲインは，BJT の数分の 1 以下にしかならない．

さて，図 5.15 に示した TL072 の等価回路では，図 5.1 に示した RC4558 に比べ，差動アンプの負荷となるカレント・ミラー回路でもトランジスタが増えている．図 5.17 に動作を示す．追加された Q_5 のエミッタから I_b3 および I_b4 が供給されるため，図 (b) のオリジナル回路に比べて I_IN と I_c3 との誤差を小さくできる．さらに Q_6 を用いて，

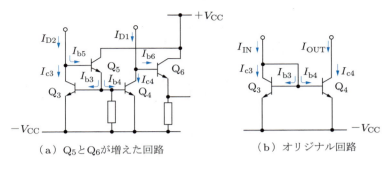

(a) Q_5とQ_6が増えた回路　　(b) オリジナル回路

図 5.17　アクティブ・ロード

差動アンプの負荷をバランスさせている．

5.3　カレントフィードバック・オペアンプ

5.3.1　カレントフィードバック・オペアンプの特徴

　広帯域，高スルー・レートを実現できるオペアンプとして，**カレントフィードバック**（current-feedback）**・オペアンプ**がある．カレントフィードバック・オペアンプは一般のオペアンプと同様に使用できるが，内部の回路構成の違いから，以下のような特徴をもつ．

(1) 一般型のオペアンプでは，帯域幅とクローズドループ・ゲインの積（GB積）は一定となるのに対し，カレントフィードバック・オペアンプではクローズドループ・ゲインが直接には帯域幅を制限しない．

(2) 一般型のオペアンプでは，フィードバック・ループによってヴァーチャル・ショートが生じるが，カレントフィードバック・オペアンプでは，ループなしでも反転入力端子と非反転入力端子の電位は等しくなる．

(3) 反転入力端子は低インピーダンスであり，誤差電流がフィードバックされる（カレントフィードバック）となる．

　図5.18にカレントフィードバック・オペアンプと一般型オペアンプのモデルを示す．図(a)の一般型オペアンプでは，差動入力電圧ΔVを電圧ゲインA倍して出力する．これに対し，図(b)のカレントフィードバック・オペアンプは，IN+端子は高入力インピーダンスであるため，端子電圧は接続される回路の電圧となり，端子電流$I_{IN+} = 0$となる．これに対して，IN−端子は低入力インピーダンスR_{IN}であり，IN−がIN+と等電位になるようにI_{IN-}を流入または流出させる．出力電圧V_oは，IN−端子誤差

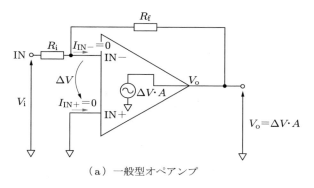

（a）一般型オペアンプ

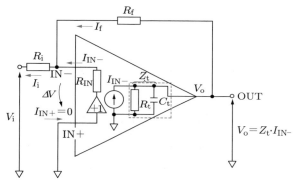

（b）カレントフィードバック・オペアンプ

図 5.18　オペアンプのモデル

電流 $I_{\mathrm{IN}-}$ のオープンループ・トランスインピーダンス（transimpedance）Z_t 倍となる．

5.3.2　カレントフィードバック・オペアンプの内部回路

アナログデバイセズ社のカレントフィードバック・オペアンプ，AD844 の内部等価回路を図 5.19 に示す．

非反転入力 IN＋は，ダイオード接続されたトランジスタ Q_1 と Q_3 の共通エミッタである．IN＋端子側のトランジスタ Q_1 と Q_3 は，それぞれ定電流回路 I_B を介して電源 $+V_{\mathrm{CC}}$ と $-V_{\mathrm{CC}}$ に接続されている．Q_2 と Q_4 はエミッタ・フォロワであり，これと二つの定電流回路のインピーダンスの並列値が IN＋端子の入力インピーダンスとなる（AD844 では 10 MΩ）．この Q_1 と Q_3 は，IN－端子側のトランジスタ Q_2 と Q_4 のバイアス回路としても動作している．

Q_1 と Q_2，Q_3 と Q_4 はそれぞれ V_{BE} が等しくエミッタが等電位となるため，IN－端

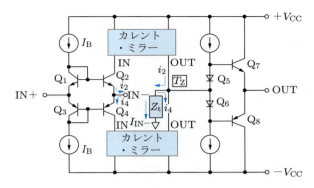

図 5.19 カレントフィードバック・オペアンプ（AD844）の内部等価回路（データ・シート（13）より）

子は低入力インピーダンスとなり（AD844 では 50 Ω），IN − 端子は電流入力端子としてはたらく．

　IN − 端子から流入または流出する入力電流 I_{IN-} は，i_2 と i_4 に分かれてそれぞれカレント・ミラー回路を流れる．i_2 と i_4 はカレント・ミラーの OUT 端子からトランスインピーダンス点 T_Z に流れ込む．これによって T_Z 点に $Z_t I_{IN-}$ の電圧が発生する．T_Z 点の電位はコンプリメンタリ・エミッタ・フォロワ Q_7 と Q_8 を通して出力される．

　カレントフィードバック・オペアンプの出力電圧 V_o は，T_Z の電圧となる．

$$V_o = Z_t I_{IN-} \tag{5.41}$$

図 5.18（b）で R_{IN} に流れる I_{IN-} と同じ電流が Z_t に流れるから，入力電圧 ΔV は以下となる．

$$\Delta V = R_{IN} I_{IN-} \tag{5.42}$$

オープンループ・ゲイン A は，式（5.41）と式（5.42）より求まる．

$$A = \frac{V_o}{\Delta V} = \frac{Z_t I_{IN-}}{R_{IN} I_{IN-}} = \frac{Z_t}{R_{IN}} \tag{5.43}$$

Z_t は R_t と C_t の並列回路であるから，オープンループ帯域幅は，次式となる．

$$Z_t = \frac{R_t}{1 + j\left(\dfrac{f}{f_c}\right)} \tag{5.44}$$

カットオフ周波数 f_c は，以下となる．

$$f_c = \frac{1}{2\pi R_t C_t} \tag{5.45}$$

練習問題

5.6 AD844 のトランスインピーダンス Z_t は，標準で $R_t = 3\,\mathrm{M\Omega}$，$C_t = 4.5\,\mathrm{pF}$ である．R_{IN} を $50\,\Omega$ として直流電圧ゲイン A_v およびカットオフ周波数 f_c を求めよ．

5.3.3 カレントフィードバック・オペアンプのゲイン特性

次に，図 5.18 (b) に示した反転アンプを考える．いま，反転入力端子電流 $I_{\mathrm{IN}-}$ は，以下である．

$$I_{\mathrm{IN}-} = \frac{\Delta V}{R_{\mathrm{IN}}} = -\frac{V_{\mathrm{IN}-}}{R_{\mathrm{IN}}} \tag{5.46}$$

抵抗 R_f，R_i に流れる電流 I_f，I_i は次式となる．

$$I_f = \frac{V_O - V_{\mathrm{IN}-}}{R_f} \tag{5.47}$$

$$I_i = \frac{V_{\mathrm{IN}-} - V_i}{R_i} = I_f + I_{\mathrm{IN}-} \tag{5.48}$$

式 (5.46)，(5.47)，(5.48) より，以下が求まる．

$$I_{\mathrm{IN}-} = -\frac{R_f V_i + R_i V_o}{(R_i + R_f) R_{\mathrm{IN}} + R_i R_f} \tag{5.49}$$

反転アンプのクローズドループ・ゲイン G は，式 (5.41) に式 (5.49) を代入，整理して，以下となる．

$$G = \frac{V_o}{V_i} = -\frac{R_f}{R_i} \cdot \frac{1}{1 + \dfrac{R_f + R_{\mathrm{IN}}\left(1 + \dfrac{R_f}{R_i}\right)}{Z_t}} \tag{5.50}$$

$R_f \gg R_{\mathrm{IN}}$ であるから，

$$G \approx -\frac{R_f}{R_i} \cdot \frac{1}{1+\frac{R_f}{Z_t}} \tag{5.51}$$

となり，式(5.44)を代入して，

$$G \approx -\frac{R_f}{R_i} \cdot \frac{1}{1+\frac{R_f}{R_t}\left(1+j\left(\frac{f}{f_c}\right)\right)} \tag{5.52}$$

さらに，$(R_f/R_t) \ll 1$ であるから以下となる．

$$G \approx -\frac{R_f}{R_i} \cdot \frac{1}{1+j\left(\frac{f}{f_c{}'}\right)} \tag{5.53}$$

クローズドループ・カットオフ周波数$f_c{}'$は式(5.45)を代入して求まる．

$$f_c{}' = \frac{R_t}{R_f}f_c = \frac{1}{2\pi R_f C_t} \tag{5.54}$$

　式(5.54)に示されるように，カレントフィードバック・オペアンプの帯域幅は，R_fによって決まる．図 5.20(a)に示す一般のオペアンプのようにクローズドループ・ゲイン R_f/R_i が決めるのではない．R_f が一定であれば，図 5.20(b)のようにクローズドループ・ゲインが変化してもカットオフ周波数は一定となる．

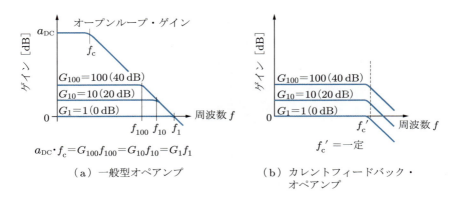

図 5.20　オペアンプのゲイン特性

演習問題

5.1 図 5.5(a) の差動アンプで $\pm V_{CC} = \pm 20$ V,$R_E = 15$ kΩ,$R_C = 3$ kΩ である.差動電圧ゲイン,同相電圧ゲイン,CMRR を求めよ.

5.2 図 5.6(a) のカレント・ミラー回路で,トランジスタ Q_1 および Q_2 の $h_{FE} = 120$,$V_A = 120$ V とする.$V_{OUT} = 5$ V,10 V,40 V のときのそれぞれの I_{OUT} を求めよ.$I_{IN} = 1$ mA とする.

5.3 図 5.8(a) の能動負荷をもった差動アンプの差動ゲイン,CMRR を求めよ.ただし,$\pm V_{CC} = \pm 10$ V,$2I_E = 0.2$ mA,トランジスタ $Q_1 \sim Q_4$ の $h_{FE} = 120$,$V_A = 120$ V,定電流回路 $2I_E$ の出力インピーダンスを 1 MΩ とする.

5.4 CMRR について説明せよ.

5.5 差動アンプの CMRR を大きくする方法を述べよ.

5.6 図 5.11 のダーリントン接続で $i_E^c = 5$ mA であった.電流増幅率 $h_{FE1} = 200$,$h_{FE2} = 100$ のとき,Q_1 のベース電流 i_{B1} を求めよ.

5.7 BJT 入力オペアンプと JFET 入力オペアンプの違いを述べよ.

5.8 図 5.18(b) のカレントフィードバック・オペアンプのトランスインピーダンスは,$R_t = 12$ MΩ,$C_t = 5$ pF である.R_{IN} を 50 Ω として直流電圧ゲイン A_V およびオープンループ・カットオフ周波数 f_c を求めよ.

5.9 図 5.18(b) の非反転アンプに用いるカレントフィードバック・オペアンプは $R_t = 3$ MΩ,$C_t = 5$ pF である.R_{IN} を 50 Ω として,$R_i = R_f = 1$ kΩ および $R_i = R_f = 10$ kΩ でのクローズドループ・カットオフ周波数を求めよ.

練習問題・演習問題の略解

0章　演習問題
0.1　10 V，5 V，3.54 V（図 0.5 を参照）．
0.2　+40 dB．式 (0.6) より $G = 100\,\text{mV}/1\,\text{mV} = 100$ 倍．これを式 (0.8) に代入する．40 dB と '+' を省略してもよい．
0.3　−60 dB（信号が小さくなるときは，デシベルはマイナスになる）．
0.4　63.2 mV（50 dB は $10^{\frac{50}{20}} \approx 316.2$ 倍）．
0.5　+46 dB（デシベル計算するときには，信号の極性は関係ない．式 (0.6) に示したように，|出力電圧|／|入力電圧|である）．
0.6　(1) 20 mV，14.1 mV　(2) 1 kHz　(3) −60°（(b) の信号が右にあるように見える．これは位相が遅れた状態である．約 1/6 周期 = 60° 遅れたように見えるから，−60° となる）．(4) 約 +5 dB（(b) のピークを 36 mV，(a) のピークを 20 mV と読むと，$G = 20\log(36/20) \approx 5.1\,\text{dB}$ である）．(5) 約 −5 dB

1章　練習問題
1.1　式 (1.9) より $G = 6 \approx 15.6\,\text{dB}$
1.2　式 (1.5) より，$A_2 = 2 \times 10^5$ のとき $G \approx 20.99779$，$A_1 = 1 \times 10^5$ のとき $G \approx 20.99559$ であるから，$(A_1 - A_2)/A_2$ より，0.0105% 低下する．
1.3　解図 1.1

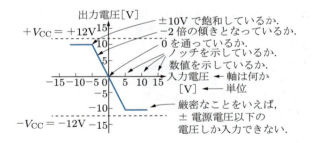

解図 1.1

1.4　式 (1.12) より −49.75 (33.9 dB)，−90.83 (39.2 dB)，−99.00 (39.9 dB)
1.5　図 1.5 の回路で $R_\text{in} = 10\,\text{k}\Omega$，$R_\text{f}/R_\text{i} = 9$，ただし $2\,\text{k}\Omega \leq R_\text{f} \leq 1\,\text{M}\Omega$ のこと．
1.6　(1) 図 1.7 の回路で $R_\text{i} = 600\,\Omega$，$R_\text{f} = 12\,\text{k}\Omega$，$R_\text{b} \approx 571\,\Omega$．
(2) R_i が 5% 小さく，R_f が 5% 大きい場合 err = 1.05/0.95 = 1.105
R_i が 5% 大きく，R_f が 5% 小さい場合 err = 0.95/1.05 = 0.905
以上より誤差は −9.5% ～ +10.5%．最大 10.5%

1.7 信号源は±5 μA 以上流せない．したがって，0.1 V の入力のときに 5 μA 以下となるように入力抵抗 $R_i = 0.1/5\,\mu = 20\,\mathrm{k\Omega}$ 以上とする．図 1.7 の回路で $R_i = 20\,\mathrm{k\Omega}$ とすれば，$R_f = 100\,\mathrm{k\Omega}$，$R_b \approx 16.7\,\mathrm{k\Omega}$．

1.8 (1) -25　(2) $+28\,\mathrm{dB}$　(3) $2\,\mathrm{k\Omega}$　(4) 左から右向きに $-5\,\mu\mathrm{A}$　(5) $250\,\mathrm{mV}$

1.9 (1) 21　(2) $+26.4\,\mathrm{dB}$　(3) $10\,\mathrm{k\Omega}$　(4) 左から右向きに $-1\,\mu\mathrm{A}$　(5) $-210\,\mathrm{mV}$

1.10 式 (1.20) より $-167\,\mathrm{mV}$

1.11 解図 1.2．I_{C1} では，センサが 0.1 V 出力のときを 0 V とするため，$-0.1\,\mathrm{V}$ を加算する．ここで，センサは出力電圧 0.5 V のときにも 1 mA までしか電流を出力できないから，$R \geq 0.5\,\mathrm{V}/1\,\mathrm{mA} = 500\,\Omega$ であるが，式 (1.15) の条件より $R \geq 2\,\mathrm{k\Omega}$．$I_{C2}$ では，I_{C1} の出力を -5 倍する．式 (1.15) より $5R \leq 1\,\mathrm{M\Omega}$ であり $R \leq 200\,\mathrm{k\Omega}$．

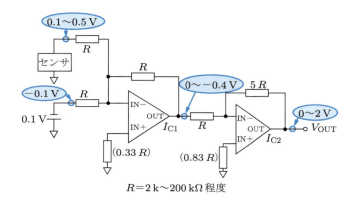

解図 1.2

1.12 (1) 式 (1.27) より $500\,\mathrm{mV}$　式 (1.29) より (2) $2.5\,\mu\mathrm{A}$　(3) $40\,\mathrm{k\Omega}$

1.13 式 (1.40) にて，無負荷状態の出力が V_o と考えればよい．$Z_o = (1.000 - 0.995)/0.995 \times 100 \approx 0.503\,\Omega$

1.14 回路は図 1.16(b)．式 (1.44) より，$R_4/R_3 \times (1 + 2R_2/R_1) = 30$ となればよい．抵抗値が選びやすいのは，$R_2 = R_1$，$R_4/R_3 = 10$．式 (1.15) の制約より，$2\,\mathrm{k\Omega} \leq R_1$，また R_3 もオペアンプの負荷となるので，$2\,\mathrm{k\Omega} \leq R_3$，とする．実際には，$R_1 = R_2 = R_3 = 10\,\mathrm{k} \sim 100\,\mathrm{k\Omega}$ の範囲から選べばよい．

1.15 図 1.17 にて式 (1.46) より $R_f = 2\,\mathrm{k\Omega}$

1.16 式 (1.53) より $\pm 67.5\,\mathrm{mV}$

1.17 コンデンサのインピーダンスは周波数の上昇とともに小さくなるため，$R = 10\,\mathrm{k\Omega}$ が必要となる．$f_c = 1/(2\pi CR)$ より $C = 1/(2\pi fR) = 5.31\,\mathrm{nF}$

1.18 図 1.24(a) の非反転ローパス・フィルタの回路で，入力インピーダンス $\geq 1\,\mathrm{k\Omega}$ が必要．C は $f = \infty$ でのインピーダンスが 0 なので，最低の入力インピーダンスは R_1 の値．$R_1 \geq 1\,\mathrm{k\Omega}$ より $R_1 = 1\,\mathrm{k\Omega}$ であれば式 (1.65) より $C_1 = 159\,\mathrm{nF}$．式 (1.66) よりゲイン 5 倍なので，$R_2 = 4R_3$．式 (1.15) の条件を満足する値としては，$R_2 = 40\,\mathrm{k\Omega}$，$R_3 = 10\,\mathrm{k\Omega}$ など．

1.19 図 1.25 (a) の回路で，入力インピーダンスの制限より $R_1 = 2\,\mathrm{k\Omega}$ とすれば，ゲイン 26 dB ≈ 20 倍より $R_2 = 40\,\mathrm{k\Omega}$，ユニティゲイン周波数を式 (1.71) に代入して，$C \approx 79.6\,\mathrm{nF}$．$R_\mathrm{i}$ を $2\,\mathrm{k\Omega}$ 以上に選んでも，もちろんよい．

1.20 図 1.30 の回路で，式 (1.82)，(1.83) より $C_1 = \dfrac{a_1}{4\pi f_\mathrm{c} R} \approx \dfrac{1.065}{4 \times 3.1415 \times 1\mathrm{k} \times 10\mathrm{k}} \approx 8.48\,\mathrm{nF}$

$$C_2 = \frac{b_1}{a_1}\frac{1}{\pi f_\mathrm{c} R} \approx \frac{1.9305}{1.065}\frac{1}{3.1415 \times 1\,\mathrm{k} \times 10\,\mathrm{k}} \approx 57.7\,\mathrm{nF}$$

1.21 計算値は $R_\mathrm{i} = 25\,\mathrm{k\Omega}$，$R_\mathrm{f} = 500\,\mathrm{k\Omega}$ であるが，どちらの値も E24 系列にはない．入力インピーダンスの誤差は ±10% 以内であるから，R_1 は $24\,\mathrm{k\Omega}$ または $27\,\mathrm{k\Omega}$ を使うことができる．このとき，R_f との組合せを考えると

$R_1 = 24\,\mathrm{k\Omega}$，$R_2 = 470\,\mathrm{k\Omega}$ のとき，$G \approx -19.58$
$R_1 = 24\,\mathrm{k\Omega}$，$R_2 = 510\,\mathrm{k\Omega}$ のとき，$G = -21.25$
$R_1 = 27\,\mathrm{k\Omega}$，$R_2 = 470\,\mathrm{k\Omega}$ のとき，$G \approx -17.41$
$R_1 = 27\,\mathrm{k\Omega}$，$R_2 = 510\,\mathrm{k\Omega}$ のとき，$G \approx -18.89$

これより，$R_1 = 24\,\mathrm{k\Omega}$，$R_2 = 470\,\mathrm{k\Omega}$，$R_\mathrm{b} = 24\,\mathrm{k\Omega}$．ゲイン 25.8 dB．

1.22 式 (1.86) より，V_IO 値は，ワーストケースの値であるから，表 1.6 の最大値 10 mV を用いて，$V_\mathrm{OFFSET} = \left(1 + \dfrac{R_\mathrm{f}}{R_\mathrm{i}}\right) V_\mathrm{IO} = (1 + 20) \times 10 = 210\,\mathrm{mV}$

1.23 図 1.18 (b) の回路で，ゲイン 100 倍より $R_\mathrm{f}/(R_2 + R_3) = 99$ を満たす R の値を求めればよい．たとえば $R_2 = 10\,\Omega$，$R_3 = 990\,\Omega$，$R_\mathrm{f} = 99\,\mathrm{k\Omega}$ では，式 (1.53) より

$$100\,\mathrm{mV} < \pm 15 \frac{10 \cdot 99\,\mathrm{k}}{R_1 \cdot 10 + 10 \cdot 990 + 990 \cdot R_1}$$

より $R_1 < 148.5\,\mathrm{k\Omega}$ であるから $R_1 = 130\,\mathrm{k\Omega}$ など．
(問いの答えはこれでよいが，実際の回路では，調整範囲をオフセットの 2 倍くらい広い範囲にする)．

1.24 式 (1.87)，(1.88) より，ワーストケース値であるから，表 1.6 の I_IO，I_IB の最大値を用いて，

$$I_\mathrm{IN-} = I_\mathrm{IB} + \frac{1}{2} I_\mathrm{IO} = 500\,\mathrm{n} + \frac{1}{2} \times 200\,\mathrm{n} = 600\,\mathrm{nA}$$

となり，式 (1.90) より

$$V_\mathrm{OFFSET} = (1 + 20) \times 6\,\mathrm{m} + 20\,\mathrm{k} \times 600\,\mathrm{n} = 0.138\,\mathrm{V}$$

1.25 1000 V/mV は，1000 V/1 mV を意味するので，10^6 倍．したがって，120 dB
1.26 図 1.33 (a) より約 100 kHz
1.27 図 1.33 (c) より　(1) 約 ±12 V　(2) 約 ±8.5 V
1.28 図 1.33 (b) より ±10 V であるから実効値は 7.1 V_rms
1.29 図 1.33 (c) よりそれぞれ ±3.5 V，±8 V，±12 V であるから，7 $V_\mathrm{p-p}$，16 $V_\mathrm{p-p}$，24 $V_\mathrm{p-p}$
1.30 解図 1.3
1.31 RC 並列回路であるから，$Z \approx (996\,\mathrm{k} - j\,62.6\,\mathrm{k})\,\Omega \approx (998\,\mathrm{k}\,\angle -3.6°)\,\Omega$．
1.32 図 1.42 において，入力インピーダンスは式 (1.104)，ゲインは式 (1.103) より，

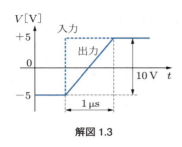

解図 1.3

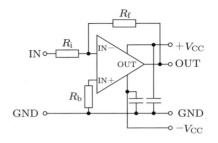

解図 1.4

$R_i + R_f \geqq 10\,\mathrm{k\Omega}$, $R_f/R_i = 20$. そして式 (1.15) より $R_f < 1\,\mathrm{M\Omega}$ となる値を選べばよい. たとえば, $R_i = 10\,\mathrm{k\Omega}$, $R_f = 200\,\mathrm{k\Omega}$.

1.33 図 1.43 (a) の回路において, 回路の AC 入力インピーダンスは R_{in} であるから, $R_{in} = 100\,\mathrm{k\Omega}$. 式 (1.109) より $R_f = 150\,\mathrm{k\Omega}$, ゲインは 10 倍であるから, 式 (1.110) より $R_i \approx 16.7\,\mathrm{k\Omega}$. C_1 は, 式 (1.106) において f_{c1} を最低周波数の 1/10 である 1 Hz として, $C_1 \geqq 3.18\,\mathrm{\mu F}$. 式 (1.108) より $C_{in} \geqq 159\,\mathrm{nF}$. 式 (1.112) より $C_i \geqq 9.54\,\mathrm{\mu F}$. 式 (1.114) より $C_o \geqq 159\,\mathrm{nF}$.

1.34 図 1.44 (a) の回路において, 回路の AC 入力インピーダンスは R_i だから, $R_i = 1\,\mathrm{k\Omega}$. ゲインは式 (1.117) 式より $R_f = 100\,\mathrm{k\Omega}$. 式 (1.115) より $C_1 \geqq 1.59\,\mathrm{\mu F}$. 式 (1.121) より $C_i \geqq 7.96\,\mathrm{\mu F}$. 式 (1.122) より $C_o \geqq 79.6\,\mathrm{nF}$.

1 章　演習問題

1.1 解図 1.4

1.2 非反転：図 1.5. $R_{in} = 10\,\mathrm{k\Omega}$, $R_f/R_i = 19$, たとえば, $R_i = 10\,\mathrm{k\Omega}$, $R_f = 190\,\mathrm{k\Omega}$
反転：図 1.7. $R_i = 10\,\mathrm{k\Omega}$, $R_f = 200\,\mathrm{k\Omega}$, $R_b \approx 9.5\,\mathrm{k\Omega}$

1.3 解図 1.5. $R_f/R_i = 10 \sim 12$ に調整できるようにする. 入力インピーダンスは 5 kΩ で固定だから, 半固定抵抗は R_f 側に入れる.

1.4 抵抗には ±5% の誤差が含まれるから, R_i の値は 19～21 kΩ となる. $R_i = 19\,\mathrm{k\Omega}$ の場合 $R_f = 361\,\mathrm{k\Omega}$, $R_i = 21\,\mathrm{k\Omega}$ 場合 $R_f = 399\,\mathrm{k\Omega}$ に調整しなければならない. ここで R_2 にも 5% 精度の抵抗を用いるから, R_2 の値が最大となる場合も 361 kΩ 以下でなければならない. したがって, $R_2 \leqq 343.8\,\mathrm{k\Omega}$. E24 系列より $R_2 = 330\,\mathrm{k\Omega}$. 次に, 選んだ R_2

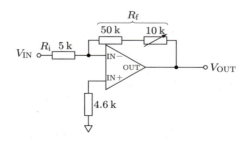

解図 1.5

が最小値となる場合を検討する．このとき R_2 は 313.5 kΩ であり，R_f を 399 kΩ に調整するためには，$VR_2 \geqq (399-313.5)$ kΩ から $VR_2 = 100$ kΩ を用いる．

1.5 (1) 図 1.14 の回路で，式 (1.29) より，$R_1 = 20$ kΩ，式 (1.27) より $R_2 = 400$ kΩ．
(2) E24 系列に 400 kΩ はないから，390 kΩ または 430 kΩ を検討する．390 kΩ の場合のゲインは 19.5 倍であり，430 kΩ の場合は 21.5 倍であるから，$R_1 = 20$ kΩ，$R_2 = 390$ kΩ．
(3) 最大 $G_{max} = 20 \log (390 \times 1.01/(20 \times 0.99)) \approx 25.97$ dB
最小 $G_{min} = 20 \log (390 \times 0.99/(20 \times 1.01)) \approx 25.63$ dB

1.6 オペアンプのフィードバックが正常に動作しているとき（出力が飽和していないとき），オペアンプの入力端子間の電圧が見かけ上 0 V となること．オペアンプは入力端子間の電圧 ΔV をオープンループ・ゲイン A 倍して出力するが，A は 10 万～100 万倍と大きいため ΔV は数 μV 程度であり，0 V とみなすことができる．あくまでもヴァーチャルなショートであり，入力端子間に電流が流れるわけではない．

1.7 フィードバックが正常に動作していないことが考えられる．接続間違い，ハンダ不良，オペアンプの出力がショートしているなどの原因で出力電圧が飽和していると考えられる．

1.8 加算回路を 2 個使うと考える．V_2 はプラスであるので，加算回路を二つ，V_1 と V_3 はマイナスとなっているので，加算回路を一つだけ通過させる．解図 1.6 にて，$R/R_1 = 2$，$R/R_2 = 3$，$R/R_3 = 5$ となり，最小の抵抗値となる $R_3 \geqq 1$ kΩ，$R \leqq 1$ MΩ となる組み合せを選べばよい．$R = 300$ kΩ とすれば，$R_1 = 150$ kΩ，$R_2 = 100$ kΩ，$R_3 = 60$ kΩ，$(1/2)R = 150$ kΩ，$R_1 \parallel R_2 \parallel R_3 \parallel R \approx 27$ kΩ．

1.9 解図 1.7 の構成を考える．センサの出力は 0.1～0.5 V であるので，加算回路を用いて −0.1 V の電源と足し算する．センサ出力が 0.1 V のときは −0.1 V を足されて 0 V に，センサ出力が 0.5 V のときは −0.1 V を足されて反転されて出力は −0.4 V となる．0～−0.4 V を反転回路を用いて 25 倍すればよい．ただし，センサが 0.5 V 出力時に 0.1 mA 以上流せないので $R \geqq 5$ kΩ．$25R \leqq 1$ MΩ より $R \leqq 40$ kΩ の範囲で選べばよい．

1.10 解図 1.8 の構成を考える．CdS の最大値である 5 kΩ でブリッジ回路を構成し，差動アンプに入力する．0 lx のとき，CdS は 5 kΩ であるからブリッジはバランスし，$V_1 = V_2 = 0.5$ V であり，差動アンプの出力は 0 V となる．1000 lx のとき，CdS は 100 Ω であり，R_1 の電流を無視すれば $V_2 \approx 19.61$ mV．このとき $V_1 - V_2 \approx 480.39$ mV．これ

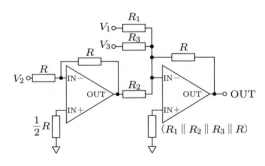

解図 1.6

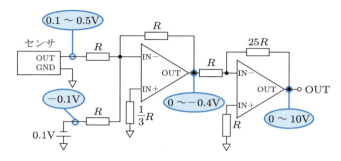

解図 1.7

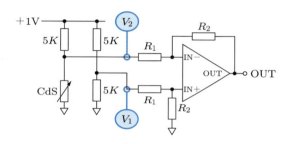

解図 1.8

を 2 V に増幅すればよいので，差動アンプのゲイン $R_2/R_1 ≒ 4.163$ とすればよい．ただし差動アンプの入力インピーダンスが低いと，ブリッジ回路の電圧に影響するため，R_1 と R_2 はできるだけ大きな値としたい．$R_2 = 1\,\mathrm{M\Omega}$ とすれば，$R_1 ≒ 240\,\mathrm{k\Omega}$．ブリッジのインピーダンスに比べ，差動アンプの入力インピーダンスは約 100 倍あるので，電流の誤差は約 1/100 であり，無視できる．

1.11 図 1.18 (a) の回路で式 (1.49) より $R_2 = 100\,\Omega$ とすれば，$R_1 = 420\,\mathrm{k\Omega}$

1.12 図 1.25 (a) の回路で入力インピーダンスより $R_1 = 10\,\mathrm{k\Omega}$．式 (1.69) より $R_2 = 100\,\mathrm{k\Omega}$．式 (1.70) より $C_1 = 1.59\,\mathrm{nF}$．

1.13 図 1.26 (a) の回路で，入力インピーダンス $10\,\mathrm{k\Omega}$ 以上より $R_1 = 10\,\mathrm{k\Omega}$ とする．式 (1.76) より，$C_1 ≈ 318\,\mathrm{nF}$．ゲイン 26 dB より $R_2/R_3 = 19$．たとえば $R_3 = 10\,\mathrm{k\Omega}$，$R_2 = 190\,\mathrm{k\Omega}$．

1.14 図 1.28．式 (1.82)，(1.83) より

$$C_1 = \frac{a_1}{4\pi f_c R} ≈ \frac{1.3617}{4 \times 3.1415 \times 20\,\mathrm{k} \times 10\,\mathrm{k}} ≈ 0.542\,\mathrm{nF}$$

$$C_2 = \frac{b_1}{a_1}\frac{1}{\pi f_c R} ≈ \frac{0.618}{1.3617}\frac{1}{3.1415 \times 20\,\mathrm{k} \times 10\,\mathrm{k}} ≈ 0.722\,\mathrm{nF}$$

1.15 4 次．$-6\,\mathrm{dB/oct.}$ ではカットオフの 5 倍の周波数であるから $-14\,\mathrm{dB}$．4 次では $-56\,\mathrm{dB}$ となる．

1.16 (1) 図 1.7．式 (1.90) より R_f は小さいほうがオフセット電圧は小さいから，$R_i = 1\,\mathrm{k\Omega}$，$R_f = 10\,\mathrm{k\Omega}$，$R_b ≈ 909\,\Omega$

(2) $I_{\text{IN-}} = I_{\text{IB}} + \dfrac{1}{2} I_{\text{IO}} = 0.2\text{ n} + \dfrac{1}{2} \times 0.1\text{ n} = 0.25\text{ nA}$

より以下となる．
$$V_{\text{OFFSET}} = (1 + 10) \times 10\text{ m} + 10\text{ k} \times 0.25\text{ n} \approx 0.110\text{ V}$$

1.17 式 (1.92) より 6.28×10^7 V/s ($= 62.8$ V/μs)．

1.18 R_1 と R_4 が 1% 小さく，R_2 と R_3 が 1% 大きいとすれば，例題 1.15 より

$$\text{CMRR} = \left| \dfrac{1}{2} \dfrac{R_2 R_3 + 2 R_2 R_4 + R_1 R_4}{R_2 R_3 - R_1 R_4} \right|$$

$$= \left| \dfrac{1}{2} \dfrac{101 \cdot 1.01 + 2 \cdot 101 \cdot 99 + 0.99 \cdot 99}{101 \cdot 1.01 - 0.99 \cdot 99} \right| \approx 68.0\text{ dB}$$

R_1 と R_4 が 1% 大きく，R_2 と R_3 が 1% 小さいときも同じ．

1.19 GB 積をクローズドループ・ゲインで割って，$f_c = 20$ kHz，式 (1.92) より 6.37 V．

1.20 図 1.15 (a)．R_f の指定はないので使用しないでよい．式 (1.38) より $Z_o = 5.0 \times 10^{-4}$ Ω．

2 章　練習問題

2.1 (1) 式 (2.7) より，1×10^{-2}　(2) 式 (1.5) より 99.9，式 (2.8) より 100．したがって，0.1%

2.2 グラフより約 30 kHz，式 (2.16) より 30 kHz．

2.3 GB 積 10 MHz 以上．

2.4 GB 積 8×10^6 Hz となるから，250 kHz で 32 倍．よって 30.1 dB．

2.5 式 (2.20) より $1/(1 + A\beta)$ 倍となる．$A = 2 \times 10^5$，$\beta = 10^{-3}$ より 4.975×10^{-3} 倍．したがって，0.0498%．

2.6 式 (2.5) より $G_1 = 99.95$，$G_2 = 99.90$．

2.7 式 (2.24) より $1 + A\beta = 1000$ となればよい．$1/\beta \approx 200.2$ となるので 46.0 dB．

2.8 f_1 でオープンループ・ゲイン $= 10$ dB $= 3.16$ 倍になればよいので，GB 積は 3.16×10^5 Hz となる．したがって，3.16 Hz．

2 章　演習問題

2.1 解図 2.1

2.2 図 2.2 (b)．$A = 10^5$，$\beta = 1/10$，$G \approx 1/\beta = 10$

2.3 図 2.4 (b)．$K = 5/6$，$A = 10^5$，$\beta = 1/6$ より，$G = -K \cdot A/(1 + A\beta) \approx -5$

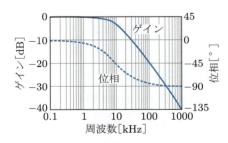

解図 2.1

2.4 (1) 46 dB ≈ 200 だから，25 kHz　(2) 5 MHz/250 KHz = 20 より 26.0 dB

2.5 式 (2.7) より $\beta = 1/300$，$A = 100 \sim 120$ dB $= 10^5 \sim 10^6$，式 (2.5) より $G \approx 299.1 \sim 299.9$
$= 49.52 \sim 49.54$ dB

2.6 20 dB ≈ 10 倍だから，GB 積 $\geqq$ 1 MHz．

2.7 式 (2.24) より，2.50×10^{-2} Ω．

2.8 周波数特性を拡大させる．オープンループ・ゲイン変動の影響を低減する．入出力の直線性を向上させる．出力インピーダンスを低下させる．

2.9 フィードバックを用いる帯域内で，位相遅れが $-180°$ にならないこと．実際には，45° 程度以上の位相余裕を確保して $-135°$ 以上とならないようにする．

2.10 $f_c = \dfrac{1 \text{ MHz}}{10^5} = 10$ Hz

3 章　練習問題

3.1 $V_D = nV_T \ln\left(\dfrac{I_F}{I_S} + 1\right) = 0.026 \ln\left(\dfrac{10^{-3}}{10^{-13}} + 1\right) = 0.599$ V

3.2 $V_D = 0.6$ V を代入して

$$I_D = \dfrac{5 - 0.6}{2 \text{ k}} = 2.20 \text{ mA}$$

同様に $V_D = 0.7$ V と $V_D = 0.8$ V を代入して $I_D = 2.15$ mA，$I_D = 2.10$ mA．

3.3 式 (3.3) より $I_Z = \dfrac{V_{CC} - V_R}{R}$

3.4 式 (3.3) より $V_Z = 10.000 - 10 \times 10 \text{ m} = 9.900$ V だから，9.91 V．

3.5 式 (3.9) より (1) 2.25 µA　(2) 0.105 mA　(3) 4.93 mA

3.6 0.5 V：2.00 mA，2.00 mA，3.33 µA
0.7 V：1.60 mA，1.60 mA，2.66 µA

3.7 $V_{BE} = 0.6$ V として考えれば，$I_E = I_C = 8.00$ mA，$I_B = 16.0$ µA，$R_C = 625$ Ω．
$V_{BE} = 0.7$ V として考えれば，$I_E = I_C = 6.00$ mA，$I_B = 12.0$ µA，$R_C = 833$ Ω．どちらで考えてもよい．

3.8 $I_B = 20$ µA，$I_E = 1.02$ mA．（h_{FE} が小さくなると I_B を無視できなくなる）

3.9 式 (3.14) より (1) $I_C = 1.12$ mA．　(2) $I_C = 1.06$ mA．

3.10 式 (3.20) より $g_m \approx 38.5 \times 0.5 \text{ m} = 19.25$ mS

式 (3.21) より $r_\pi = \dfrac{h_{FE}}{g_m} \approx \dfrac{200}{19.25 \text{ m}} \approx 10.39$ kΩ より 10.4 kΩ

式 (3.23) より，$r_o = \dfrac{V_A}{I_C} = \dfrac{150}{0.5 \text{ m}} = 300$ kΩ

式 (3.27) より，$R_o = (R_C \| r_o) = (10 \text{ k} \| 300 \text{ k}) \approx 9.677$ kΩ より 9.68 kΩ

式 (3.25) より，$a_v = -g_m(R_C \| r_o) \approx -19.25 \text{ m} \times 9.677 \text{ k} \approx -186.3$ より -186

式 (3.26) より，$a_i = 200$

3.11 式(3.20)より $g_m \approx 38.5 \times 1\,\text{m} = 38.5\,\text{mS}$

式(3.33)より，$G_m = \dfrac{g_m}{1+g_m R_E} \approx \dfrac{38.5\,\text{m}}{1+38.5\,\text{m} \times 47} \approx 13.70\,\text{mS}$ より $13.7\,\text{mS}$

式(3.21), (3.30)より，$R_i = r_\pi(1+g_m R_E) \approx \dfrac{200}{38.5\,\text{m}}(1+38.5\,\text{m} \times 47) \approx 14.59\,\text{k}\Omega$ より $14.6\,\text{k}\Omega$．

式(3.23), (3.40)より，$R_o \approx (1+g_m R_E)r_o \approx (1+38.5\,\text{m} \times 47) \times \dfrac{150}{1\,\text{m}} = 421.4\,\text{k}\Omega$

回路の出力抵抗は式(3.41)より，$R_o = R'_o \parallel R_C \approx (421.4\,\text{k} \parallel 4.7\,\text{k}) \approx 4.648\,\text{k}\Omega$ より $4.65\,\text{k}\Omega$．
$R_o = 4.65\,\text{k}\Omega$ であるが，$R_C = 4.7\,\text{k}\Omega$ で計算しても大差ない．式(3.42)より，$A_v = G_m \cdot -G_m R_C = -13.70\,\text{m} \times 4.7\,\text{k} \approx -64.4$，デシベルでは $36.2\,\text{dB}$．

3.12 (1) $V_{\text{BIAS}} = 0.2\,\text{V}$ より，$V_{\text{GS}} = -0.2\,\text{V}$．式(3.65)より $8\,\text{mS}$ (2) 式(3.68)より $G_m \approx 4.44\,\text{mS}$，式(3.70), (3.71)より $A_v = -G_m \cdot R_D \approx -22.2$．

3章　演習問題

3.1 p：3価，ホール．n：5価，電子．

3.2 図 3.4 参照．順電圧が一定であっても順電流は増加する．これは，温度の上昇によって半導体内のキャリア密度が増加するためである．

3.3 式(3.1)より，(1) $0.659\,\text{V}$ (2) $0.778\,\text{V}$ (3) $4.93\,\text{mA}$ (4) 等価的な $V_D = 0.7 + 2\,\text{mV} \times 10\,\text{℃} = 0.72\,\text{V}$ なので $10.6\,\text{mA}$

3.4 (1) 式(3.3)より $V_Z = 4.9\,\text{V}$　$I_Z = 0.5\,\text{mA}$ になるので $V_R = 4.91\,\text{V}$．
(2) 等価回路の出力抵抗＝ダイオードの出力抵抗と考えればよい．解図 3.2(a)
(3) 解図 3.2(b)

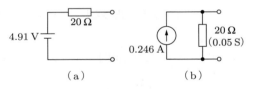

解図 3.2

3.5 式(3.7)より，$h_{\text{FE}} = \dfrac{\alpha}{1-\alpha}$

3.6 式(3.8)より，$I_B = 4\,\mu\text{A}$，式(3.6)より，$I_E = 1\,\text{mA}\,(=1.004\,\text{mA})$

3.7 式(3.2)より，$27.9\,\text{mV}$

3.8 式(3.20)より g_m を求め，式(3.21), (3.22)より，$(I_C = 1\,\text{mA})\,r_\pi \approx 5.20\,\text{k}\Omega$，$r_o = 130\,\text{k}\Omega$　$(I_C = 10\,\text{mA})\,r_\pi \approx 520\,\Omega$，$r_o = 13\,\text{k}\Omega$

3.9 $g_m \approx 3.85\,\text{S}$．式(3.19)より I_C は $+3.85\,\text{mA}$

3.10 (1) 図 3.18(b)　(2) 式(3.10)より，$R_E = 300\,\Omega$，$R_C = (V_{CC} - V_o)/I_C$ より，$R_C = 3750\,\Omega$
(3) 式(3.5), (3.8)より，$I_B = 10\,\mu\text{A}$，$I_E \approx 2\,\text{mA}$　(4) 式(3.20)より，$g_m \approx 77.0\,\text{mS}$

(5) 式 (3.33) より，$G_m \approx 3.20$ mS　(6) 式 (3.21) より $r_\pi \approx 2.60$ kΩ
(7) 式 (3.30) より，$R_i \approx 62.6$ kΩ　(8) 式 (3.23) より，$r_o \approx 75.0$ kΩ
(9) 式 (3.41) より，$R_o \approx 3.74$ kΩ　(10) 式 (3.42) より，$A_v \approx -12.0$　(11) 21.6 dB

3.11 式 (3.48) より，$C_M = (1 + g_m R_C)C_f \approx (1 + 192.5 \text{ m} \times 2 \text{ k}) \times 4 \text{ p} = 1544$ pF

式 (3.52) より，$f_c = \dfrac{1}{2\pi C_t (R_S \parallel r_\pi)} \approx \dfrac{1}{2\pi \times (1544 + 4)\text{p} \times (200 \parallel 2600)} \approx 553.6$ kHz

3.12 式 (3.61) より，$R_i = (1 + h_{FE})R_L = (1 + 500) \times 500 \approx 250.5$ kΩ であるから 251 kΩ．

式 (3.57) より，$A_v = \dfrac{1}{1 + \dfrac{1}{g_m R_L}} = \dfrac{1}{1 + \dfrac{1}{0.193 \times 500}} \approx 0.990$

式 (3.63) より，$R_o = \dfrac{R_S}{1 + h_{FE}} = \dfrac{100}{1 + 500} \approx 0.200$ Ω

3.13 ゲート・チャネル間の pn 接合に順電圧が印加されるため，電流が流れ，FET として動作しなくなる．

3.14 n チャネル MOSFET で説明する．エンハンスメント・モードでは，ゲートに正の電圧を与えないとチャネルが形成されずドレイン電流が流れない．大部分の MOSFET はエンハンスメント・モードである．これに対してデプレッション・モードでは，ゲート電圧 0 V でもドレイン電流が流れる．

4 章　練習問題

4.1 式 (4.4) より $\eta = \dfrac{\pi}{4} \dfrac{V_o}{V_{CC}} \approx \dfrac{3.1415}{4} \dfrac{5 \times 1.414}{10} \approx 55.5$ %

4.2 $P = \dfrac{V^2}{R} = I^2 R$ より，それぞれ実効値が求められる．89.4 V，11.2 A

4.3 式 (1.92) より，17.2 V/μs

4.4 $P_T = 30$ W，$T_j = 150$℃ であるから，式 (4.10) よりトランジスタの熱抵抗を求める．

$$R_{th(j\text{-}c)} = \dfrac{150 - 25}{30} \approx 4.17 \text{ ℃/W}$$

式 (4.12) より必要なヒートシンクは，以下となる．

$$R_{th(hs)} < \dfrac{T_j - T_a}{P_{TR}} - (R_{th(j\text{-}c)} + R_{th(\theta)})$$

$$= \dfrac{150 - 65}{5.7} - (4.17 + 0.5) \approx 10.2 \text{ ℃/W}$$

4.5 解図 4.1．$R_1 = R_2 = 3400$ Ω，R_3 および R_5 には 1 mA 流し，$R_3/R_4 = 1.4/0.6$ となるように抵抗値を定める．
（例）$R_3 = 1.4$ kΩ，$R_4 = 600$ Ω．

4.6 スピーカへの出力電圧 $= 20\sqrt{2}$ V となるので，3 V の余裕をみて，$V_{CC} \approx \pm 31.3$ V とすれば，式 (4.34) より，

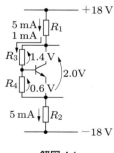

解図 4.1

$$V_{ac} \approx \frac{(31.3+0.5)+0.7}{1.414} \approx 23.0 \text{ V}$$

最大出力時の電流は，2.5 Arms となるので，式(4.22) より

$$I_{ac} \approx 3.54 \text{ A}$$

4.7 式(4.23) より $\sqrt{2}\ V_{ac} \approx 21.4$ V として，式(4.25) より $V_{RRM} > 42.8$ V

4.8 図4.23. $V_o \approx 20.03$ V，$R_o \approx 0.333\ \Omega$，3 A 出力時は 19.03 V.

4.9 $V_Z = 15.6$ V として考え，220 Ω. トランジスタでの電圧降下を 5 V と考える．5 W.

4.10 (1) $T_{CVO} = -0.6$ mV/℃ より 18 mV 下がる．4.982 V.
(2) 56 μV_{p-p}

4章　演習問題

4.1 4.1.2 項参照．

4.2 4.3.2 項参照，図4.19 (a).

4.3 4.1.2 項参照，図4.4 (b).

4.4 $R_{th(hs-a)} < \frac{150-60}{20} - (2.08+0.5) \approx 1.92$ ℃/W

4.5 $P_T < \frac{150-65}{2.5+0.5+3.0} \approx 14.166$ W．この計算では四捨五入ではなく，安全な側へ数値をもっていく．$P_T \leqq 14.1$ W.

4.6 $V_{CEO} > 60$ V, $I_C > 3$ A, 式(4.8) で $V_{CC} = 30$ V として見積る．$P_C > P_{TR(max)} \approx 9.12$ W.

4.7 トランスは式(4.23)にリプル電圧を加え 15.5 V, 式(4.22) より 4.3 A (小数点以下2位で切り上げ).
ダイオードは式(4.25) で $S_v = 2$ として $V_{RRM} > 43.8$ V, 式(4.28) より $I_{F(AV)} > 1.5$ A

4.8 2 Ω，8.33 V.

4.9 式(4.41) より，542 mW

4.10 50℃ では $P_T = 0.8$ W となるから 114 mA.

4.11 (1) 誤差アンプ（オペアンプ）は反転アンプとなっている．ゲインは $V_{OUT}/V_{REF} \approx 4.898$. $R_f \approx 39.0$ kΩ.
(2) $G = A/(1+A\beta) \approx 4.876$ だから，$V_{OUT} \approx 11.9$ V
(3) 無負荷時の出力電圧 V_0 を計測する．出力に負荷抵抗 R_L を接続し，そのときの出力電圧 V_1 を測定する．テブナン等価回路で考えて，出力抵抗 $R_o = R_L \times (V_0 - V_1)/V_1$ より求める．

5章　練習問題

5.1 $R_E \approx 7.2$ kΩ，$R_C \approx 2.6$ kΩ，CMRR ≈ 54.9 dB

5.2 $I_{OUT} \approx 1.08$ mA，$R_o \approx 139$ kΩ

5.3 $A_v = -g_m \cdot R_C \approx -76.9$

5.4 $g_m^c \approx 19.2$ mS，$r_\pi^c \approx 2.10$ MΩ

5.5 $g_m^c \approx 38.7$ mS，$r_\pi^c \approx 261$ kΩ

5.6 $A_V = \dfrac{R_t}{R_{IN}} = \dfrac{3\,\text{M}\Omega}{50\,\Omega} = 60000 \approx 95.6\,\text{dB}$

$f_c = \dfrac{1}{2\pi R_t C_t} = \dfrac{1}{2\pi \times 3\,\text{M} \times 4.5\,\text{p}} \approx 11.8\,\text{kHz}$

5章　演習問題

5.1 $A_d \approx -74.6 \approx 37.5\,\text{dB}$, $A_{cm} \approx -0.100 \approx -20\,\text{dB}$, $\text{CMRR} \approx 747.2 \approx 57.5\,\text{dB}$

5.2 $1.04\,\text{mA}$, $1.08\,\text{mA}$, $1.33\,\text{mA}$

5.3 $A_d \approx 2308 \approx 67.3\,\text{dB}$, 式 (5.15) で $R_E = 1\,\text{M}\Omega$ として，$\text{CMRR} \approx 7701 \approx 77.7\,\text{dB}$

5.4 $\text{CMRR} = \dfrac{|\,\text{差動電圧ゲイン}\,|}{|\,\text{同相電圧ゲイン}\,|}$, 1.8.12 項参照．

5.5 差動回路の共通エミッタ抵抗 R_E を高くすればよいが，電源電圧の制約がありむやみに高くできない．そのため，出力インピーダンスの高い定電流回路を使用して等価的に R_E を高くする．

5.6 $0.25\,\mu\text{A}$. $I_E{}^c / (h_{FE1} + 1)(h_{FE2} + 1)$ または，$I_E{}^c / (h_{FE1}{}^c + 1)$.

5.7 JFET はゲート電流を必要としないため，BJT に比べ，入力バイアス電流が小さい．しかし入力オフセット電圧は大きくなる傾向がある．また，入力換算雑音電圧も大きくなる傾向がある．

5.8 $A_V = 240000 = 107.6\,\text{dB}$, $f_c = 2.65\,\text{kHz}$

5.9 $(R_f = 1\,\text{k}\Omega)\; 31.8\,\text{MHz}$, $(R_f = 10\,\text{k}\Omega)\; 3.18\,\text{MHz}$

参考文献

(1) RC4558 データシート，Texas Instruments, 2002.
(2) TL072 データシート，Texas Instruments, 2003.
(3) 2SC1815 データシート，Unisonic Technologies, 2011.
(4) 2SK369 データシート，東芝，2007.
(5) 2N7000 データシート，Fairchild, 1995.
(6) NJM5534 データシート，新日本無線，2003.
(7) 2SB1018 データシート，東芝，2004.
(8) 2SD1411 データシート，東芝，2004.
(9) 2SA1486 データシート，NEC，1993.
(10) 2SC3840 データシート，NEC，1993.
(11) PS200R ～ PS2010R データシート，Pansit Semiconductor, 2009.
(12) TA7805F データシート，東芝，2000.
(13) AD844 データシート，Analog Devices，1992.
(14) LMx58，LMx58x，LM2904，LM2904V データシート，Texas Instruments, 2015.
(15) NJM2732 データシート，新日本無線，2014.
(16) 戸川治朗，実用電源回路ハンドブック，CQ 出版社，p.24，1988.
(17) 三端子レギュレータの使い方，NEC ユーザーズ・マニュアル，1997.
(18) P. R. Gray, P. J. Hurst, S. H. Lewis, R. G. Meyer, Analysis and Design of Analog Integrated Circuits 4th Ed., John Wiley & Sons Inc., 2001.
電子回路を学ぶための最高の教科書の一つ．邦訳は，永田譲訳，システム LSI のためのアナログ集積回路設計技術（上），（下），培風館，2003.
(19) 岡村迪夫，改訂 OP アンプ回路の設計，CQ 出版社，1981.
我が国の OP アンプの古典．1990 年に改訂された「定本 OP アンプ回路の設計」がある．
(20) M. Van Falkenburg, Analog Filter Design, Oxford University Press, 1982.
アナログフィルタについての詳しい解説書である．邦訳は残念ながら絶版（柳沢健監訳，アナログフィルタの設計，秋葉出版，1989）
(21) 黒田徹，解析 OP アンプ＆トランジスタ活用，CQ 出版社，2002.
(22) 鈴木雅臣，定本トランジスタ回路の設計，CQ 出版社，1991.
(23) Charles Kitchin，単電源アプリケーションでのオペアンプのバイアスとデカップリング，AN-581, Analog Devices, 2002.

索 引

あ 行

I/V コンバータ　39, 108
アーリー効果　115, 183
アーリー電圧　115
アクティブ・フィルタ　48
安全動作領域　153
位相補償　99, 190
位相余裕　97, 190
インスツルメンテーション・アンプ　38
ヴァーチャル・グランド（仮想接地）　24, 26, 31, 40, 63
ヴァーチャル・ショート（仮想短路）　22, 24, 30, 33, 38, 41, 76, 193
AC カプリング　72, 74
エミッタ・フォロワ　127, 141, 156, 188, 194
エミッタ接地　119
エミッタ接地電流ゲイン　111, 114
オープンループ・ゲイン（開放利得）　18, 24, 30, 63, 64, 82, 84, 89, 90, 92, 96, 98, 172, 185, 195
オフセット　3, 40, 59

か 行

加算回路　31
仮想接地　24
カットオフ　64, 93
カットオフ周波数　44, 45, 47, 52, 64, 75, 78, 82, 89, 93, 126, 195, 197
カレント・ミラー　182, 184, 189, 192, 195
カレントフィードバック（電流帰還）　193, 196
クリップ，クリッピング　5, 19, 21, 63, 65
クローズドループ　19, 89
クローズドループ・ゲイン（閉会路利得）　21, 24, 25, 50, 70, 84, 90, 97, 98, 149, 193, 197

クロスオーバーひずみ　142
コンプリメンタリ・プッシュプル　141
コンプリメンタリ・ペア　140, 154, 155

さ 行

差動アンプ　33, 39, 177, 184, 191
差動信号　33
差動電圧ゲイン，差動ゲイン　34, 38, 68, 179, 185
差動入力インピーダンス　35
三端子レギュレータ　168
CMRR　67, 181
GB 積　64, 88, 89
実効値　4
周波数　4
出力インピーダンス　11, 17, 30, 35, 67, 92, 129, 168
出力オフセット電圧　41, 61, 62, 75, 157
出力抵抗　10, 36, 118, 120, 123, 128, 134, 183, 188
順電圧　105
順電流　104
順方向バイアス　110
小信号等価回路　116, 119, 122, 124, 127, 179, 185, 187
少数キャリア　103, 109
振幅　4
スルー・レート　65, 150, 191
整流　104, 160, 161, 164
接合容量　124
絶対最大定格　17, 57, 145, 152, 161
空乏層　103, 124, 136

た 行

ダーリントン接続　155, 157, 172, 188

212

帯域幅　　　64, 82, 99, 149, 195
多数キャリア　　　103, 109, 130
ツェナー・ダイオード　　　107, 167, 189
D/A コンバータ　　　39
DC カプリング　　　72
ディレーティング　　　146, 154, 162, 165
デシベル　　　8, 85
テブナン等価回路　　　9, 166
電圧ゲイン　　　120, 128, 135, 148
電圧制御電圧源　　　12, 36
電圧制御電流源　　　12, 117, 120
電圧変動率　　　166
電位障壁　　　103, 105
電気的特性　　　57, 169
伝達関数　　　7, 44, 47, 82, 87, 89, 93
電流―電圧コンバータ　　　39
電流ゲイン　　　120, 128, 186, 188
同相信号除去比　　　67, 181
同相電圧ゲイン　　　68, 180
トランスインピーダンス　　　194
トランスコンダクタンス　　　117, 123, 132, 187
ドリフト　　　3, 29
ドレイン遮断電流　　　132

な 行

内部抵抗　　　10
2 次降伏　　　153
入出力フルスイング　　　79
入力インピーダンス　　　22, 25, 27, 30, 35, 38,
　　　39, 40, 66, 73, 74, 78, 129, 132, 135, 148, 193
入力オフセット電圧　　　59, 69
入力オフセット電流　　　62, 72, 108
入力抵抗　　　117, 119, 121, 128, 129, 186, 187
入力バイアス電流　　　28, 62, 75, 108
熱抵抗　　　146, 151
熱電圧　　　105, 192
熱暴走　　　143
ノイズ　　　2, 28, 51, 69, 70
能動状態　　　110
能動負荷　　　184
ノートン等価回路　　　9

は 行

バイアス　　　3, 62, 110, 156
ハイパス・フィルタ　　　43, 51, 75
パスコン　　　17, 158
パッシブ・フィルタ　　　48
発振　　　17, 96, 98
反転アンプ　　　9, 23, 27, 77, 85, 119, 126, 196
バンド・ギャップ・レファレンス　　　170
B 級プッシュプル　　　141, 142, 143, 151, 190
非反転アンプ　　　9, 19, 27, 72, 74, 85
ピンチオフ電圧　　　132, 192
フィードバック，ネガティブ・フィードバック
　　　19, 30, 40, 50, 71, 88, 90, 93, 96, 126, 157,
　　　168, 172, 173, 193
フィードバック・ネットワーク　　　19, 23, 26,
　　　30, 48, 71, 76, 89, 148
フィードバック・ファクタ　　　83
フィードバック量　　　84, 89, 97, 98, 99
ベース接地電流ゲイン　　　111
飽和電流　　　105
ボーデ線図　　　43, 88, 96, 97
ポール　　　82, 93, 94, 96, 99
ボルテージ・フォロワ　　　35, 98, 127, 190

ま 行

ミラー効果　　　50, 124, 190
ミラー容量　　　125

や 行

ユニティゲイン周波数　　　48, 64, 88, 98, 190

ら 行

利得帯域幅積　　　64
リプル電圧　　　163, 170
ループ・ゲイン　　　84
レール・トゥ・レール　　　73
レール・トゥ・レールオペアンプ　　　79
ローパス・フィルタ　　　43, 47, 52, 82, 87, 157,
　　　190

著者略歴

別府　俊幸（べっぷ・としゆき）
- 1983 年　東京理科大学工学部電気工学科卒業
- 1985 年　東京電機大学大学院理工学研究科修士課程修了
- 1985 年　東京女子医科大学日本心臓血圧研究所助手
- 1998 年　国立松江工業高等専門学校電気工学科助教授
- 2003 年　同教授（2015 年電気情報工学科に改称）
　　　　　現在に至る
　　　　　博士（医学），博士（工学）

福井　康裕（ふくい・やすひろ）
- 1967 年　東京工業大学理工学部制御工学科卒業
- 1969 年　Purdue 大学機械工学科 M.S. 課程修了
- 1972 年　Wisconsin 大学電気工学科 Ph.D. 課程修了
- 1977 年　東京電機大学理工学部助教授
- 1983 年　同教授
- 2014 年　同参与
- 2017 年　東京電機大学名誉教授
　　　　　現在に至る
　　　　　Ph.D.

編集担当	塚田真弓（森北出版）
編集責任	上村紗帆・石田昇司（森北出版）
組　版	双文社印刷
印　刷	同
製　本	ブックアート

オペアンプからはじめる電子回路入門（第 2 版）
　　　　　　　　　　　　　　　© 別府俊幸・福井康裕　2016

2005 年 4 月 20 日　第 1 版第 1 刷発行	【本書の無断転載を禁ず】
2015 年 3 月 10 日　第 1 版第 6 刷発行	
2016 年 2 月 29 日　第 2 版第 1 刷発行	
2025 年 4 月 15 日　第 2 版第 6 刷発行	

著　　者　別府俊幸・福井康裕
発行者　　森北博巳
発行所　　森北出版株式会社
　　　　　東京都千代田区富士見 1-4-11（〒102-0071）
　　　　　電話 03-3265-8341／FAX 03-3264-8709
　　　　　https://www.morikita.co.jp/
　　　　　日本書籍出版協会・自然科学書協会　会員
　　　　　JCOPY <（一社）出版者著作権管理機構 委託出版物>

落丁・乱丁本はお取替えいたします．

Printed in Japan／ISBN978-4-627-76112-4